AF345167

NOUVEAUX PRINCIPES

DE TAILLE

DES

ARBRES FRUITIERS

D'APRÈS LA MÉTHODE

DE

PHILIBERT BARON

Jardinier-fleuriste-arboriculteur,
Honoré d'une médaille d'or en 1841 par le Comice agricole de Seine-et-Oise
et d'un premier prix pour la taille des Arbres fruitiers
et de la Vigne, d'après un nouveau genre.

Ouvrage orné de **23** figures explicatives, lithographiées d'après
des photographies d'**Alfred Lenormant**.

PRIX : 5 FRANCS.

SE TROUVE

CHEZ **L'AUTEUR**, RUE DU BATHAIT, 3, A BELLEVILLE,

ET CHEZ

M. CHAPRON, GRAINIER, QUAI NAPOLÉON, 37, A PARIS.

M. BACOT, PÉPINIÉRISTE, ROUTE D'ALLEMAGNE, 178, A LA PETITE-VILLETTE,

M. HUTTOT,   **M. MONAIN**,
PÉPINIÉRISTE A AUXERRE.   A ARPAJON.

M. HERVIAULT, A MONTLHÉRY.

1858

NOUVEAUX PRINCIPES

DE TAILLE

DES

ARBRES FRUITIERS

AVIS

L'auteur du présent livre se met à la disposition des personnes qui voudraient l'employer, soit pour plans de jardins potagers et fruitiers, soit pour plantations raisonnées, d'après les principes exposés dans son ouvrage, soit pour conseils et direction des travaux d'arboriculture, aux conditions suivantes :

10 fr. par jour, s'il est chargé des travaux ;

25 fr. par jour, dans le cas contraire.

Il continue toujours la taille des arbres dans les propriétés où il est demandé, au prix de 10 fr. par jour.

Il se charge aussi des fournitures d'arbres de premier choix, aux prix les plus modérés. (*Affranchir*).

N. B. Les frais de voyage et de table sont comptés à part.

COURS DE TAILLE, les Dimanches et Jeudis,
RUE DU RATRAIT, 3, A BELLEVILLE.

PARIS. — DE SOYE ET BOUCHET, IMPRIMEURS, 2, PLACE DU PANTHÉON.

NOUVEAUX PRINCIPES

DE TAILLE

DES

ARBRES FRUITIERS

D'APRÈS LA MÉTHODE

DE

PHILIBERT BARON

Jardinier - fleuriste - arboriculteur,
Honoré d'une médaille d'or, en 1841, par le Comice agricole de Seine-et-Oise
et d'un premier prix pour la taille des Arbres fruitiers
et de la Vigne, d'après un nouveau genre.

—

**Ouvrage orné de 23 figures explicatives, lithographiées d'après
des photographies d'Alfred Lenormant.**

—

SE TROUVE

CHEZ **L'AUTEUR,** RUE DU BATHAU, 3, A BELLEVILLE,

ET CHEZ

M. CHAPRON, GRAINIER, QUAI NAPOLÉON, 37, A PARIS.

M. BACOT, PÉPINIÉRISTE, ROUTE D'ALLEMAGNE, 178, A LA PETITE-VILLETTE,

M. HUTTOT, | **M. MONAIN,**
PÉPINIÉRISTE A AUXERRE. | A ARPAJON.

M. HERVIAULT, A MONTLHÉRY.

1858

QUELQUES MOTS D'AVERTISSEMENT

Ceci n'est pas un traité technique de taille des arbres. Je n'ai pas la prétention de refaire ce que tant d'autres ont déjà fait ; je ne veux pas non plus m'ériger en professeur de botanique et apprendre au lecteur l'alphabet de la science. Les personnes qui me feront l'honneur de me lire en savent aussi long que moi sur les termes, et du reste j'ai pris soin de n'employer que ceux qui sont à la portée de tout le monde. Je n'ai voulu, dans ces quelques pages, qu'une seule chose : réunir en un corps d'ouvrage les diverses modifications que depuis mon jeune âge j'ai apportées à la taille des arbres, et faire participer le public aux avantages que j'ai trouvés à ces modifications.

J'ai toujours combattu la routine, j'ai toujours perfectionné mon système, et les personnes qui ont vu les résultats que j'en obtiens tous les jours peuvent témoigner pour moi. Quelques-unes de ces modifications ont fait déjà, il est vrai, leur apparition dans un journal spécial (1). Si je les ai reproduites ici, c'est afin qu'elles se trouvent expliquées et commentées par ce qui les précède et ce qui les suit.

Ce livre est donc plutôt un résumé de ma pratique qu'une œuvre de théorie. Comme tel, j'ai cherché à le rendre aussi clair que possible. Je l'ai divisé en un nombre assez grand de paragraphes qui contiennent chacun un précepte et qui peuvent être utilisés séparément. Par ce moyen, je crois que si ma méthode n'est pas appliquée tout d'une pièce, elle le sera au moins par parties, et que les expérimentateurs, une fois qu'ils auront reconnu l'efficacité de ces divers procédés, n'hésiteront plus à pratiquer la méthode tout entière.

C'est ce que je souhaite pour le plus grand avantage de l'arboriculture.

Philibert Baron.

(1) Voir l'*Horticulteur français*, journal rédigé avec autant d'esprit que de talent par M. F. Hérincq.

Nota. Les personnes qui, malgré le soin que j'ai mis à expliquer mes procédés, auraient quelques renseignements à me demander, me trouveront toujours prêt à leur faciliter l'intelligence de ma méthode.

J'ai commencé à travailler en 1815, chez les maraîchers de Clamecy (Nièvre). J'avais quinze ans. En 1818, j'entrai comme garçon chez M. Bertrand, à la Pépinière d'Auxerre.

Pendant les quatre années que j'y restai, je fis preuve d'un goût déjà très-développé pour la taille et le dressage des arbres fruitiers ; j'en établis un certain nombre de telle façon que chacun les admirait et que M. Noisette, de la rue Saint-Jacques, que tout le monde connaît pour un des premiers amateurs de l'époque, voulut m'emmener à Paris avec lui pour travailler ses arbres, le premier jour qu'il vit mon ouvrage. Je ne refusai que parce que ma position à Auxerre me convenait.

Je n'en partis qu'en 1822 pour venir à Paris, où j'arrivai dans la première quinzaine de mai. Afin de connaître autant qu'il m'était possible toutes les branches du jardinage, je travaillai chez divers maraîchers et fleuristes avant d'entrer chez M. Mathieu, rue de Buffon, 25, où je restai assez longtemps. J'y fis connaissance de M. Thouin, jardinier en chef du Jardin des Plantes, qui me promit et m'offrit bientôt une place chez un amateur très-distingué M. Dubourg, de Longpont, près Montlhéry (Seine-et-Oise). Je taillai les arbres de M. Dubourg d'après la méthode que je m'étais déjà formée en partie; il m'approuva. Je donnai à ses quenouilles la forme de pyramides en relevant les branches qui étaient presque horizontales, je rétablis les espaliers et les pêchers en ôtant aux branches toutes les bifurcations inutiles et les toques dont elles étaient chargées ; et M. Dubourg fut enchanté de la nouvelle direction que prenaient ses plantations.

Je le quittai au bout de sept mois pour entrer chez une dame Dupin, de Linas, village qui se trouve à environ un kilomètre de Longpont. Cette dame avait une fort jolie propriété dans laquelle je fis planter de nouveaux arbres et en rétablis d'anciens avec un grand succès. Une personne de Montlhéry, M. Sicard, venait peindre des palmettes de pêchers et de poiriers que j'avais formées en quatre tailles. M. Philippart, jardinier en chef du parc de Trianon, est venu aussi plusieurs fois examiner mon travail et prendre quelques notions de ma méthode.

Ici, je placerai une remarque que je fis chez Mme Dupin. J'ai trouvé chez elle une plantation de pêchers obliques qui me parut avoir bien des années d'existence. Je détruisis ces pêchers sans m'informer de l'époque à laquelle ils avaient été plantés; mais on peut tirer de cette observation la preuve que ce mode de plantation n'est pas une nouveauté.

En 1828 , j'allai m'établir à Dornecy, près Clamecy, où je plantai un jardin fruitier. J'allais faire aussi la taille dans les châteaux des environs ; je ne citerai que celui de M. Dupin, à Courcelles, près Varzy, où je fis de fort beaux arbres que j'établis en quatre tailles, la végétation étant très-convenable. M. Dupin était le père des trois fils Dupin dont le nom est connu de l'Europe entière. Comme on voit, j'ai dû laisser bien des arbres traités par ma méthode dans les environs de Clamecy.

Ne me plaisant plus dans ce pays, je revins à Linas en 1832. Je me fis annoncer pour la taille des arbres fruitiers. M. Hébert, propriétaire du château de Leuville, me fit demander pour rétablir un espalier planté depuis trois années et mal dirigé : je le rétablis. Je couchai ses vignes le long d'un mur de quelques centaines de mètres de longueur et je réussis parfaitement une Thomery dont les espaliers existent encore. Ces deux espaliers refaits, je ne manquai pas d'être critiqué sur le rabattage des autres arbres que j'avais réformés. M. Hébert était très-mécontent des critiques que l'on faisait de mon travail, MM. Cossonnet aîné et Alexis Cossonnet surtout. Il s'en plaignit à moi. Je lui montrai les préparations que j'avais faites pour obtenir chaque genre d'arbre : des palmettes à tige verticale, des palmettes à deux branches verticales, des palmettes à branches renversées et des éventails. Comme c'était un rabattage que j'avais fait, j'avais conservé quelques branches et j'en avais allongé d'autres d'un mètre au moins. Ces préparatifs faisaient demander par M. Alexis Cossonnet au jardinier de M. Hébert ce que je prétendais faire de ces morceaux de bois longs et dénudés ; car, comme tant d'autres, il n'avait alors confiance que dans la routine. Ces critiques n'eurent pas la puissance d'empêcher l'effet que j'attendais ; comme je pratiquais déjà depuis quelques années l'incision et l'éborgnage, je savais à quoi m'en tenir sur la suite, et la séve, en développant les branches à la place que je leur avais assignée, me donna gain de cause. Au mois de juillet, les arbres furent refaits comme par enchantement. M. Hébert me rendit justice et MM. Cossonnet demeurèrent stupéfaits devant ce résultat qu'ils ne pouvaient prévoir.

Avant de continuer, je dois dire que c'est au château de Leuville, chez M. Hébert, qu'ont été faites, par moi, les premières palmettes renverseés et les doubles palmettes à branches verticales ; je n'en connais pas d'antérieures à 1832.

En 1833, M. Cossonnet aîné, voyant les résultats que j'avais obtenus chez M. Hébert, me demanda pour rétablir ses arbres, à la condition qu'il travaillerait avec moi. Il en fut ainsi pendant trois ans. Je rétablis ses arbres en supprimant les bifurcations et les toques qui s'y trouvaient à profusion, et je formai de jeunes palmettes renversées et autres, ainsi que des pêchers de différentes formes, que je lui appris à conduire. Ma méthode parut très-bonne à M. Alexis Cossonnet, qui venait souvent voir son frère, et il rabattit en 1835 et 1836 tous les arbres de son jardin du Payré.

Depuis, il a fait paraître une méthode de taille dans laquelle il s'est beaucoup souvenu, sans le dire, des travaux qu'il m'a vu faire.

J'allai, en 1837, chez M. Fillassier, à Brétigny ; j'y fis des arbres modèles de tout genre, et entre autres, des palmettes à branches opposées dont j'avais trouvé le secret en 1834, et qui ont figuré dans l'*Horticulteur français de* 1853.

Ces travaux et ceux que j'avais faits sur des pêchers de tous genres et de grandes dimensions me firent décerner, en 1841, une médaille d'or par le comice agricole de Seine-et-Oise, comme premier prix pour la taille des arbres fruitiers et de la vigne.

Je quittai Brétigny en 1844 pour aller chez M. Tranchant, à Villeneuve-Saint-Georges. J'y fis une grande plantation d'arbres fruitiers sans les tailler. Les amateurs se moquaient de moi ; mais la plantation n'en réussit pas moins, et depuis cette époque, cette méthode a été beaucoup employée, quoiqu'elle ne soit pas toujours très-bonne, ainsi que je le ferai comprendre dans la suite de cet ouvrage.

En 1845, je revins à Paris m'installer jardinier-fleuriste, tout en continuant toujours la taille des arbres.

En 1846, j'exposai au Luxembourg des modèles de mes arbres de Brétigny, copiés si exactement d'après nature, que beaucoup d'amateurs les reconnaissaient.

Depuis, j'ai fait des élèves et donné des cours de taille dans les environs de Paris, à Saint-Mandé, à Saint-Cloud, à Arpajon et chez moi, rue du Ratrait, 3, à Belleville.

En lisant ce résumé de mes travaux, on pourra se convaincre que j'ai une assez longue expérience de la taille, et que cette expérience n'a jamais dégénéré en routine, puisque je n'ai pas laissé passer une année sans ajouter de nouveaux perfectionnements à ma méthode.

Je puis aussi me vanter que beaucoup de choses qui, dans ces dernières années, ont été données
par diverses personnes comme des découvertes
leur appartenant en propre, sont à moi, au moins
en grande partie.

NOUVEAUX PRINCIPES

DE TAILLE

DES

ARBRES FRUITIERS

QUEL EST LE BUT QUE L'ON DOIT SE PROPOSER DANS LA CULTURE
DES ARBRES FRUITIERS.

Il me semble que ce but ne saurait être dou-
teux un seul instant. La forme a son mérite, mais
son mérite n'est que secondaire et ne doit pas
aller contre le seul but vraiment sérieux : la production.

Je vois dans des jardins des arbres en pyramide
assez régulièrement taillés, mais fructifiant peu ;
j'en vois d'autres en gobelet passer leur vie sans
faire connaître leurs fruits. Ces arbres peuvent
plaire à celui qui les taille; mais le propriétaire,
qui n'y voit que du bois, peut-il se contenter de
ce trop mince résultat?

Je ne le crois pas

Ce que je crois, c'est qu'un praticien habile peut et doit combiner ces deux choses, la forme et la fécondité ; et ces deux choses, quoique s'appelant l'une l'autre, ne s'obtiennent que par une taille combinée et appropriée à ces deux points de vue.

Certains arbres sont plus fertiles que d'autres, parce que la séve est modérée et sagement équilibrée. La plupart sont infertiles par la trop grande vigueur de la séve. Ils se développent en bois, poussent sans mesure et perdent toute leur jeunesse sans rien produire, malgré les transplantations, les tordages et même le traitement à coups de bâton, système nouveau (1), mais basé, comme les précédents, sur la nécessité d'arrêter l'élan de la séve et de la pousser malgré elle à produire autre chose que du bois.

Ce que je veux expliquer dans ces pages, c'est un système de taille raisonné, basé sur la pratique beaucoup plus que sur la théorie (qui ne peut que tromper dans ces matières), et je réponds du succès quant à la forme et quant à la fécondité.

(1) M. Poulet, de Saint-Amand (Nièvre), est l'auteur de cette innovation, qui peut paraître une plaisanterie. On bâtonne vigoureusement l'arbre rebelle, on détruit tous les boutons à fruit, et on peut espérer, un an ou deux après ce traitement, avoir deux ou trois récoltes subséquentes. Quand la séve a repris le dessus, on recommence.

DE L'OUVERTURE DE LA TERRE

L'habitude générale, lorsqu'on veut faire une plantation, est de creuser des trous pour chaque arbre. Cette habitude, basée sur la facilité et l'économie qu'elle présente, ne vaut pas, pour les plantations neuves surtout, le système des tranchées.

Je vais indiquer d'abord le moyen de faire ces tranchées d'une manière utile.

Ma tranchée a deux mètres de largeur : je mesure une longueur d'un mètre et j'ouvre ce premier carré plus large que long, dans le sens de la largeur, à une profondeur de 60, 70 à 80 centimètres, si le sous-sol est bon. Dans le cas où le sous-sol est mauvais, on doit s'arrêter aussitôt qu'on y atteint. J'enlève ma terre et je la porte à l'autre extrémité de ma tranchée.

J'ouvre ensuite de la même manière mon second mètre et je porte au même endroit la superficie seulement de la terre ; avec la terre inférieure je remplis en partie le premier mètre.

La terre supérieure du troisième mètre sert à combler le premier, la terre inférieure à commencer le remplissage du second, et ainsi de suite; de sorte qu'on a toujours trois mètres en train, et que la terre provenant du premier et du second sert pour le dernier.

Avec cette méthode on est sûr d'avoir toujours un bon sol qu'il est facile d'entretenir avec de l'engrais, tandis qu'avec tout l'engrais que vous pourriez employer, il est toujours fort difficile de faire d'une mauvaise terre une bonne.

Par ce moyen encore, la bonne terre se trouve à proximité des jeunes racines, chose qu'on néglige assez ordinairement en mettant cette bonne terre dans le fond et la mauvaise à la superficie, sous prétexte que celle-ci se mûrira et deviendra bonne, et que les racines en grandissant sauront bien aller trouver la meilleure. Raisonnement faux et qu'il est facile de détruire en disant à ceux qui le font que leurs jeunes racines ne grandiront pas ou grandiront lentement dans de la mauvaise terre, et que toute la bonne terre qu'on peut leur promettre pour l'avenir ne vaut pas celle qu'on leur donne dans le présent, tandis que les racines déjà formées sont moins délicates et savent mieux trouver leur nourriture.

Si, pour une raison ou pour une autre, on préfère s'en tenir aux trous, il faut leur donner 1^m,30 à 1^m,60 de côté et 60 à 80 centimètres de profondeur. On aura toujours soin de mettre la meilleure terre d'un côté et la moins bonne de l'autre, afin d'avoir la meilleure à mettre sur les racines. Si l'on veut remplacer la mauvaise terre par de la bonne sans faire de dépenses, on peut échanger simplement la terre des trous et des tranchées avec de la terre du potager.

Lorsque le sous-sol est mauvais, il faut avoir soin de ne pas l'entamer; on peut donner un coup de pioche au fond pour faciliter l'écoulement des eaux, mais c'est tout.

Quand ce sous-sol n'est pas profond, c'est-à-dire qu'il n'y a pas au moins 60 à 70 centimètres de bonne terre au-dessus, il faut rapporter des terres.

NOUVELLE MÉTHODE DE PLANTATION

Les trous faits dans les dimensions que je viens d'indiquer, je les remplis de façon à former un monticule (*fig.* 1, *Pl.* Ire); les mottes se rangent de chaque côté du trou; on les brise de façon à ce que la terre se trouve entièrement meuble. Le sommet du monticule se trouvant au niveau du sol et même un peu au-dessus de ce niveau AB, il se forme nécessairement un vide tout autour jusqu'aux parois du trou.

Avant de placer l'arbre sur le monticule C, je rafraîchis toutes les racines, c'est-à-dire je coupe avec une serpette les extrémités, de façon à mettre le bois vif à nu.

Je place ensuite l'arbre sur le monticule, de façon à ce que la greffe D se trouve de 18 à 20 centimètres au-dessus du sol, et en ayant soin de bien écarter les racines autour du sommet du monticule. Un homme, alors, jette sur ces racines la terre la plus meuble, afin qu'il ne se forme pas de cavités entre elles. Je recouvre alors de 2 ou 3 centimètres de la meilleure terre, j'ajoute une brouettée de gadoue ou de fumier. (La gadoue est préférable à tout autre engrais.) Ce qui reste à remplir du trou est comblé avec de la terre, sans toucher à l'arbre et sans fouler cette terre, afin qu'elle s'affaisse d'elle-même, et que les racines demeurent dans la position que je leur ai donnée.

On recommande dans certains traités et dans certains cours de donner à l'arbre, une fois la terre jetée sur les racines bien écartées, un mouvement de va-et-vient de bas en haut. Je n'ai qu'une légère objection à faire à cette pratique : c'est qu'il est alors tout à fait inutile de ranger avec soin les racines, puisque ce mouvement de va-et-vient suffit et amplement à les déranger, à les courber, à les briser, et à détruire tout le résultat qu'on pouvait attendre des soins qu'on avait mis à cette opération.

Le trou fait dans les dimensions que j'ai indiquées s'affaisse dans les deux premières années de 14 à 16 centimètres et reste en repos les années suivantes. Grâce aux précautions que j'ai prises, malgré cet affaissement ma greffe se trouve toujours à 4 centimètres environ au-dessus du niveau du sol, et je n'ai pas besoin, pour la dégager, de creuser au pied de mes arbres de ces cuvettes qui sont cause que l'arbre jaunit et périt même souvent.

J'ajouterai ici, en manière d'observation générale, que plus les arbres sont plantés haut, plus ils sont vigoureux et fertiles. Les fruits deviennent plus gros et meilleurs.

MODE DE PLANTATION DESTINÉ A COMBATTRE LES RAVAGES DU VER BLANC

Le ver blanc se rencontre aussi bien dans les

onnes terres que dans les mauvaises, et grâce à lui, les plantations les mieux dirigées peuvent être complétement détruites en peu de temps. Je vais indiquer comment j'opère lorsque j'ai à combattre cette destruction.

Je ne fais ni trou ni défonçage; je me borne à labourer la terre à la profondeur d'un fer de bêche à l'endroit où je dois planter mon arbre. Je rapporte alors d'autre terre, de façon à former un monticule de 20 à 25 centimètres, sur lequel je place mon arbre. Je recouvre les racines avec cinq ou six brouettées de bonne terre.

Cette plantation bien faite ne déplaît pas à l'œil, et, comme je l'ai fait remarquer précédemment, l'arbre élevé au-dessus de terre n'en pousse que mieux et n'a plus à craindre le ver blanc.

Ce mode de plantation peut s'employer avec avantage dans les terrains froids et humides, et même dans une terre franche, argileuse ou d'alluvion.

DE L'AMEUBLEMENT D'UN JARDIN POTAGER

Les carrés d'un jardin potager sont ordinairement plantés d'arbres fruitiers que l'on nomme *ameublement* ou *ornement*.

Chaque carré est entouré de pyramides ou de contre-espaliers.

De ces deux modes, je préfère le premier. Le second est plus coûteux à établir : il faut enfermer les carrés dans un treillage de 1^m,50 de hauteur, ce qui rend les jardins très-tristes et ne donne pas plus de fruits. Je préfère les pyramides, parce qu'elles sont moins coûteuses à établir et plus faciles à entretenir.

Voici comment je procède pour les établir.

Je donne à mes plates-bandes 1^m,40 de largeur, je plante mes arbres au milieu, et à environ deux mètres 50 centimètres l'un de l'autre; cette distance est suffisante, d'après ma méthode, pour avoir des pyramides de 6 à 8 mètres de hauteur.

Je ne place entre mes arbres ni pommiers ni groseilliers; je dessine un carré pour faire une *Normandie* avec mes pommiers et un autre pour les groseilliers.

J'entoure mes carrés d'un cordon de poiriers, pommiers, pruniers, cerisiers ou abricotiers, tous arbres qui viennent très-bien en cordons.

Les murs exposés au levant et au midi sont destinés à recevoir les espaliers de premier ordre : pêchers, poiriers et vignes. On y peut placer des abricotiers, des pruniers et des cerisiers, dans le cas où l'on voudrait avoir une récolte précoce de ces divers fruits qui se conviennent très-bien au nord, et y donnent beaucoup de très-gros et très-bons fruits.

L'on ne doit pas planter de tiges dans un potager; on doit réserver pour elles un carré ou une ligne du côté nord.

SÉCATEUR ET SERPETTE

Avant de parler de la taille, je vais dire quelques mots sur l'emploi du sécateur et sur celui de la serpette, question qui divise les professeurs et les praticiens, et qui ne mérite pas de faire tant de bruit, la seule raison qui fait que la plupart aujourd'hui déprisent le sécateur, étant qu'ils ne comprennent pas la manière de s'en servir.

Je veux dire que ce qui fait que les adversaires du sécateur le regardent comme un outil meurtrier, c'est qu'ils ne s'en sont jamais servis que d'une manière qui est, bien entendu, la mauvaise.

Ces messieurs vous apprennent à placer la lame en dessous et le crochet en dessus : je vous invite au contraire à mettre la lame en dessus et le crochet en dessous ; l'essai seul pourra vous montrer la différence de meurtrissure qui existe entre ces deux manières d'opérer. La première, faisant faire un saut brusque au crochet pour le faire passer sur la lame, produit évidemment une déchirure ; la seconde, ramenant au contraire la lame sur le crochet qui est pour ainsi dire fixe, produit à peine un léger froissement qui ne sera pas même apparent, si vous avez quelque habitude de l'instrument (1).

La serpette que je n'abandonne pas entièrement, malgré ce que je viens de dire, offre plus de difficultés dans son emploi, plus de lenteur surtout, et, quoi qu'on en ait dit, sa coupe ne se recouvre pas mieux que celle du sécateur.

Le sécateur permet de couper beaucoup plus près de l'œil, et il est de règle que plus on coupe près des yeux, sans cependant atteindre les fibres, plus ces yeux poussent fort et droit.

La serpette, dans les mains d'une personne peu habituée à s'en servir, risque, du reste, d'amener

_____

(1) La qualité de l'instrument n'est pas non plus sans influence. Je recommande comme une des maisons de coutellerie les plus accréditées sous le rapport de l'excellence des produits, celle de M. Vigier, faubourg Saint-Antoine, n° 247.

des accidents. La force qu'il faut employer pour couper des branches un peu grosses et l'impossibilité d'arrêter court la main dans son élan, fait que souvent on abat une branche voisine de celle qu'on taille, et que quelquefois on s'estropie.

J'indique, dans la *fig.* **2** de la *Pl.* Ire, la manière de placer le sécateur : **A** est le crochet, **B** la lame, **D** l'œil et **C** la coupe qui doit, ainsi qu'on peut le voir, être en biseau très-prononcé et non pas horizontale comme tant de personnes le pratiquent.

DE LA GREFFE

Il ne sera peut-être pas inutile, avant de poursuivre, de dire quelques mots de la greffe, quoique je doive revenir plus tard sur ce sujet, à propos d'un nouvel emploi de la greffe dite *en coulée*, et dont on trouvera plus loin l'explication.

Je vais indiquer seulement ici sur quels sujets on doit greffer avec le plus d'avantage les différents arbres fruitiers ; quant aux diverses manières de greffer, on les trouvera dans tous les livres.

Je recommanderai seulement aux personnes peu habituées la greffe en écusson, au moyen du greffoir de M. *Monain*, d'Arpajon.

Le *pêcher* doit se greffer de préférence sur l'amandier et le prunier ; il peut se greffer aussi sur l'aubépine, l'épine noire, l'arbre de Sainte-Lucie et sur l'aulne.

L'*abricotier* se greffe sur amandier, prunier et sur épine noire.

Le *poirier* se greffe sur franc, sur coignassier, sur aubépine, sur épine noire. Il réussit aussi sur le sorbier des oiseaux, mais alors il craint la transplantation.

Le *prunier* se greffe sur prunier. Il réussit aussi sur les sujets de pêcher.

Le *cerisier* se greffe sur franc et Sainte-Lucie, préférablement à tous autres sujets.

Le *pommier* se greffe sur franc, doucin et paradis.

Ces greffes peuvent se faire jusque dans les mois d'avril et mai. On prépare d'avance ses rameaux, on les coupe sur l'arbre aux mois de décembre et de janvier, et on les conserve en terre jusqu'à l'époque où l'on en a besoin.

DU POIRIER

Le poirier est l'arbre le plus intéressant et dont les variétés sont le plus multipliées ; il se prête à toutes les formes que l'imagination peut suggérer aux praticiens. Je ne m'occuperai ici que de celles qui me paraissent les plus productives.

Tout ce que je dirai, du reste, à propos du poirier peut servir pour tous les arbres fruitiers, à l'exception du pêcher, qui demande une taille appropriée dont je parlerai plus tard.

Ce qui va suivre est donc tout à la fois applicable au poirier, au pommier, au cerisier, au prunier et à l'abricotier.

J'indiquerai, après le pêcher, la manière de diriger quelques arbres secondaires, tels que le groseillier, le framboisier, le figuier, etc.

MANIÈRE DE FAIRE UNE PLANTATION BASÉE SUR LES DEGRÉS
DE MATURITÉ

Beaucoup de propriétaires et amateurs font des plantations d'arbres fruitiers sans connaître le moment de maturité des fruits, de telle sorte qu'il leur arrive de rester des mois entiers sans avoir une poire à mettre sur leur table, tandis qu'à certains moments ils sont encombrés de fruits qui peuvent se détériorer, surtout si leur fruitier n'est pas construit d'après les principes que je donnerai plus tard.

J'engage donc MM. les propriétaires et amateurs à multiplier les espèces, et à les choisir de façon à former une série basée sur les époques de maturité.

De plus, comme il est impossible d'empêcher les intempéries du printemps, et le dommage et la disette de fruits qu'elles occasionnent, il faut au moins choisir les arbres les plus rustiques et qui peuvent le mieux résister à ces intempéries. C'est sur ces diverses considérations et sur la bonté des fruits que je m'appuie pour établir une plantation dont voici un exemple sommaire pour le poirier. Je donne à la fin de cet ouvrage un modèle plus étendu et se rattachant à tous les genres d'arbres fruitiers cultivés le plus ordinairement dans les jardins.

POIRES D'ÉTÉ

Mûrissant au mois de juillet.

Doyenné de juillet.
Beurré Giffard.
Milan blanc.

Fin d'août.

Albertine.
Simon-Bouvier.
William.
Beurré Goubault.
Commencement de septembre.
Beurré d'Amanlis.
Bonne d'Ezée.
Bon-Chrétien de Bruxelles.

Fin de septembre.

Pie IX.
Louise bonne d'Avranches.
Doyenné Boussoch.

Commencement d'octobre.

Duchesse d'Angoulême.
Doyenné ordinaire.
Nouveau Poiteau.

Fin d'octobre.

Baronne de Mello.
Belle de Flandres.
Laure de Glymes.

Commencement de novembre.

Doyenné du comice d'Angers.

Beurré magnifique.
Beurré Clairgeau.

Fin de novembre.

Délices d'Hardenpont.
Né plus meuris.
Triomphe de Jodoigne.

Commencement de décembre.

Passe-Colmar.
Beurré Berckmans.
Beurré Milet.

POIRES D'HIVER.

Fin de décembre.

Bergamote Laffay.
Beurré d'Aremberg.
Maréchal de Cour.

Du mois de janvier au printemps.

Doyenné d'hiver.
Colombia.
Joséphine de Malines.
Orpheline d'Enghien.
Prévost-Bivort.
Suzette de Bavay.
Zéphyrin-Grégoire.
Bergamote-Espéren.
Bergamote Fortunée.
Beurré de Noirchain.
Doyenné d'Alençon.

Tous ces arbres plantés par couples.

CHOIX DES ARBRES DANS LA PÉPINIÈRE

Une fois bien arrêtée la note des arbres que l'on veut planter, il faut choisir ces arbres dans la pépinière d'après les principes suivants :

Préférer les arbres de deux à trois ans à ceux d'une année, et les plus vigoureux d'entre eux.

Préférer pour les plantations, quelles qu'elles soient (espaliers, contre-espaliers, pyramides, etc.), les pyramides, et rejeter les arbres nains que les pépiniéristes disposent pour espaliers. Ces arbres sont les moins vigoureux et le troisième choix de la pépinière.

Prendre les pyramides les mieux faites et les mieux garnies de branches depuis la base jusqu'à l'insertion de la flèche.

Ces prescriptions, peu difficiles à suivre et dictées en partie par le simple bon sens, ne sont pas sans influence sur la destinée des arbres, quand on agit ensuite avec eux comme je vais bientôt l'indiquer.

PREMIÈRE TAILLE

Mes arbres choisis, comme je l'ai indiqué plus haut, que je veuille établir une palmette ou une pyramide, j'agis d'une façon uniforme en observant que, pour la palmette, je fais d'abord le choix des branches qui doivent servir de branches charpentières, en présentant mon arbre au point où il doit être placé, et en enlevant les branches de devant et de derrière pour pouvoir palisser celles de côté qui restent.

Quand mon arbre est planté, je le taille comme s'il n'avait pas été déplanté, et j'allonge selon sa vigueur les branches et la flèche de 35 à 40 centimètres, ou même davantage.

Ainsi une pyramide de sept branches étagées à 10 centimètres environ les unes des autres, ce qui me fait 70 centimètres de hauteur, me produira un arbre de 1^m,10 de hauteur dont toutes les branches seront bien équilibrées.

Il est entendu que je ne donne pas comme règle absolue cette distance de 10 centimètres entre les branches; elles peuvent être éloignées de 12 ou 15 centimètres, mais non davantage.

Même lorsque l'arbre n'est qu'à moitié garni de branches, je le plante et je le taille comme s'il était complet, quitte à le perfectionner par les moyens que je vais indiquer tout à l'heure.

Aussi, quel que soit l'âge de l'arbre planté, j'avance de quatre années l'époque de la production. La raison en est assez facile à concevoir.

Si vous plantez, comme on le fait aujourd'hui, des arbres dénudés, vous êtes obligé de les rabattre à telle ou telle hauteur, pour avoir de nouvelles branches qui ne donneront pas de fruit avant quatre années au moins.

Si vous plantez ces arbres sans les tailler et que l'année suivante vous agissiez ainsi que je viens de le dire, dénudant et rabattant pour avoir de nouvelles branches, vous n'avancez pas davantage; au contraire, vous retardez encore d'une année.

Si vous faites comme je viens de l'indiquer, vous aurez des arbres qui garniront promptement votre jardin, et, ce qui est aussi important, votre fruitier.

TAILLE DE LA 2ᵉ ANNÉE

Je retrouve l'arbre que j'ai taillé la première année dans le même équilibre; j'ai allongé les branches charpentières de 40 centimètres, la flèche de 60, lorsque je l'ai planté.

Comment fera-t-on pour garnir cette flèche du haut en bas et l'équilibrer avec les branches de l'année précédente? On atteindra ce résultat au moyen d'une incision faite au-dessus de chaque œil avec une scie.

Il faut placer la scie presque verticalement au-dessus de l'œil comme si on voulait le décoller, ce qu'il faut cependant se garder de faire, comme aussi d'endommager l'œil d'une façon ou d'une autre.

La scie placée comme il est dit (*fig. 4, Pl. 1ʳᵉ*), donner à l'incision une profondeur de 4 à 6 millimètres, suivant la grosseur de la flèche.

Cette incision, toute nouvelle et dont les résultats sont inappréciables pour la conduite des arbres fruitiers, se pratique sur tous les arbres

destinés à former des palmettes, des pyramides, etc., dans tous les cas où l'on veut garnir de
rameaux soit une flèche, soit une branche quelconque

Voici, du reste, les précautions à prendre pour
le faire avec succès.

Une flèche de 50 à 60 centimètres est toujours
garnie de 16 à 20 yeux qui doivent être destinés à
faire des branches charpentières. Il faut faire les
incisions un peu plus profondes aux six ou huit
premiers yeux de la base pour maintenir l'harmonie avec les suivants. Il ne faut pas faire d'incision aux yeux qui sont le plus près de l'œil
terminal : on les éborgne (D, *fig.* 4, même *Pl.*), de
sorte que les yeux stipulaires se développant plus
tard et plus lentement, les branches qui en pro-
viennent sont petites et se trouvent en proportion
de celles de la base.

Si, contre toute prévision, les yeux s'étaient dès
la première année développés à bois, alors on les
taillerait sur la couronne, afin de faire développer
les yeux stipulaires et d'arriver au même résultat
que nous avons atteint au moyen de l'éborgnage.

Si la flèche n'a été allongée que de 30 centimètres, elle n'a que 9 ou 11 yeux à bois ; il n'en faut
laisser que 3 ou 4 près de l'œil terminal, sans leur
faire d'incision ; il suffit de les tailler sur l'empâtement pour avoir des yeux stipulaires.

Si la flèche n'a poussé que de 5 centimètres,

je la laisse telle ; si elle a poussé de 10 à 15 centimètres, je la taille à 3 ou 4 yeux, afin d'obtenir dans l'année une belle prolongation

Les branches charpentières se taillent de la même manière et d'après les mêmes principes.

Je recommande, pour terminer, de ne pas se laisser aller à ce préjugé qui veut qu'on taille sur un œil de dessous. Il faut tailler sur l'œil qui paraît le plus propre à redresser la branche et à lui donner un meilleur maintien.

La taille des années suivantes est la même, et je n'ai pas besoin d'en faire de nouvelles explications, d'autant que j'ai dit qu'en suivant mes préceptes dès la deuxième ou troisième année, on a de beaux arbres et du fruit.

Je vais ajouter seulement quelques préceptes pour la propreté intérieure de ces arbres.

Chaque branche fruitière, une fois qu'elle a donné son fruit, s'est développée à son extrémité en *bourse* (A, *fig.* 3, *Pl.* I).

Supposons qu'en E nous ayons un bouton à fruit et en D un dard, qui nous produiront l'année suivante, il faudra, pour leur permettre de prendre toute leur extension, couper avec le sécateur, suivant la ligne ED.

Si nous n'avions pas en E de bouton à fruit et que nous n'ayons qu'un dard en D, il faudrait faire la suppression de toute la partie supérieure de la bourse, suivant la ligne CD.

Si nous n'avions ni bouton à fruit en E ni dard en D, il faudrait rétrograder en FG, afin de faire un rapprochement sur le dard F.

Ces diverses suppositions sont à peu près les seules pour lesquelles j'aie besoin de donner des conseils. Le but est toujours de rapprocher le pius possible de la branche charpentière les branches qui ont fourni leur fruit.

MANIÈRE D'ÉQUILIBRER LES ARBRES SANS LE SECOURS DE PERCHE NI DE CORDE

L'équilibre des arbres fruitiers leur donne à la fois la beauté, la santé et la fertilité.

Depuis que je pratique l'arboriculture, j'ai rencontré souvent des arbres bien conduits, bien faits, qui paraissaient être dans de fort bonnes conditions et qui pourtant étaient mal équilibrés.

Voici de quelle façon j'opère pour équilibrer mes arbres.

POUR LA PALMETTE

La flèche est ce qui me guide.

Mon arbre doit avoir d'envergure le double de sa hauteur.

Si donc la flèche a **2** mètres, mes deux branches de base doivent avoir **4** mètres à elles deux, soit 2 mètres chacune ; ces deux branches, comme toutes les autres, qui s'insèrent entre elles et l'œil terminal de la flèche, doivent avoir sur la flèche une inclinaison de 65° environ, pour plus tard, l'arbre étant formé, arriver à être presque horizontales. Elles doivent s'arrêter de façon à ce que l'œil terminal de chacune d'elles soit placé sur la ligne droite qui serait tirée de l'œil terminal des branches de base jusqu'à celui de la flèche. (Voir *fig.* 13, *Pl.* IV.)

Il n'est pas difficile de tailler au coup d'œil d'après ce principe ; cependant, si l'on se trouvait embarrassé, il suffirait de prendre une règle ou tout autre morceau de bois droit et de l'appliquer sur le mur, de façon à ce qu'il touche à la fois aux deux yeux indiqués, celui de la flèche et celui d'une des branches de base, et de tailler les branches intermédiaires d'après la pente de la règle.

Il est entendu que lorsque l'arbre est arrivé à son point extrême de développement en hauteur, point déterminé le plus ordinairement par le chaperon du mur sur lequel il est appuyé, cet équilibre est rompu, attendu que l'arbre ne peut plus s'étendre alors qu'horizontalement.

Je donne dans les planches deux modèles de palmettes.

La *figure* 13 représente un poirier de 5 ans à branches opposées; il se trouve chez M. Dresch, à Saint-Mandé.

La *figure* 14 représente un poirier de quatre ans, qui se trouve chez M. Pomme, à Ollainville.

Entre ces deux arbres je vais signaler les différences suivantes : l'arbre figuré dans la planche 13 a été formé d'après le système que j'ai donné en 1834, et qui a paru dans l'*Horticulteur français* de 1853. Je reproduis plus loin ce procédé.

Le second, *figure* 14, est fait d'après un système différent et dans lequel je trouve les avantages suivants.

Au lieu de mettre cinq années à former un arbre de huit branches de chaque côté et dont tout l'avantage consiste dans la difficulté vaincue, j'obtiens en quatre années un arbre qui compte douze branches de chaque côté, dont l'aspect est aussi agréable, le rapport plus précoce et plus abondant.

Le premier m'a demandé divers rabattages successifs; le second a grandi sans que je contrarie en rien son élan. J'ai obtenu ainsi cinq à six branches de chaque côté en une seule année.

La distance des branches est moins régulière sans doute; mais ce léger désavantage, si c'en est un, est bien compensé par la rapidité avec laquelle j'ai garni mon mur et obtenu des résultats palpables.

Ces deux arbres, dans tous les cas, peuvent servir de modèle d'équilibre pour la palmette.

Le premier est représenté taillé, et on peut vérifier sur lui les règles que je viens de donner ; dans le second, j'ai indiqué, au moyen de traits transversaux sur chaque branche, la marche à suivre pour le régulariser et l'équilibrer.

POUR LA PYRAMIDE

La hauteur doit être égale à la circonférence ; les branches de base doivent avoir la moitié de la hauteur totale.

Les autres branches doivent être taillées progressivement jusqu'à la flèche, de manière que les yeux s'alignent sur celui de la flèche. Il n'est besoin de perche ni de ficelle pour cela, l'œil suffit.

Pour tailler, il suffit de regarder l'allongement que l'on veut donner à la flèche.

Par exception, si une pyramide n'a qu'un

mètre de hauteur, elle peut n'avoir que 1^m,50 de tour, quitte à se régulariser par la suite.

La *figure* 13, *Planche* VI, représente une pyramide de onze ans, qui mesure 6^m,50 de hauteur, et dont toutes les branches, ainsi qu'on peut s'en assurer, sont bien dans les conditions que je viens d'indiquer.

Cette pyramide se trouve chez M. Dresch.

La *fig.* 16, *Pl.* VII, qui se trouve chez M. Pomme, est une jeune pyramide de quatre ans de greffe; elle n'est pas taillée. On peut remarquer que, comme la précédente, elle ne contient ni acots, ni toques, ni autre bois parasite; on voit que, quoiqu'elle n'ait pas encore subi l'opération de la taille, elle n'en est pas moins parfaitement équilibrée d'après mes principes. La taille se bornera donc à raccourcir l'extrémité de chaque rameau dans la proportion qu'on voudra donner à l'allongement de la flèche.

On peut encore voir sur ces deux spécimens que mes branches n'ont besoin, pour se soutenir, d'aucune baguette ; il suffit de quelques liens d'osier pour les maintenir dans la direction voulue. ce qui n'abrége pas peu le travail.

QUELQUES MOTS SUR LES BOUTONS A FRUIT

Les boutons à fruit étant non-seulement l'ornement des branches charpentières , mais aussi la richesse des arbres, il faut hâter autant que possible leur apparition.

J'entends dire par des praticiens et même par des professeurs qu'il faut trois années pour avoir des boutons à fruit. Suivant leur méthode, la première année, l'œil devient dard ; la seconde, il forme une rosette ; et la troisième seulement (si l'année a été fertile), il devient bouton à fruit.

Moi, je dis que l'on peut obtenir des boutons à fruit dans l'espace de six mois, c'est-à-dire pendant le cours de la saison de la séve.

Quand un arbre est bien taillé et bien équilibré, les boutons à fruit se forment la même année. On ne peut que craindre qu'ils se développent à bois ; et pour les en empêcher, il suffit de pratiquer l'incision sur le coussinet, incision dont je parlerai tout à l'heure.

Par exemple, je rabats un arbre au mois de février ou mars sans lui laisser de branches. A la première séve, il pousse de jeunes rameaux auxquels on donne les soins nécessaires pour en faire des branches charpentières et pour donner une forme à l'arbre. A la fin de juillet ou au commencement d'août, alors que les rameaux sont ce que l'on appelle aoûtés, c'est-à-dire quand la partie herbacée est devenue ligneuse, on pratique une *levée* BC (*fig.* **4,** *Pl.* I*re*) à chaque œil que l'on veut faire tourner à fruit. Cette levée consiste à placer une lame tranchante au-dessus de l'œil et à l'enfoncer comme si l'on voulait faire un écusson; on fait faire à cette lame un léger mouvement de va-et-vient, et on referme cette incision, de manière à ce qu'elle ne soit pas apparente, en appuyant le pouce dessus. Par cette simple opération on est sûr d'obtenir une réussite infaillible et une avance de trois années, les boutons à fruit se produisant à la fin de la saison.

POUR EMPÊCHER LES YEUX DE SE DÉVELOPPER A BOIS

J'ai promis, dans le paragraphe précédent, de

donner un moyen pour empêcher les yeux de se développer à bois et les faire tourner en dards, le voici : Il suffit de prendre un instrument tranchant quelconque, serpette, greffoir, lame de sécateur; de placer le tranchant de cet instrument à l'endroit où se place la feuille appelée *guêpe*, et d'enfoncer la lame fortement, comme si l'on voulait détacher l'œil de la partie charnue que l'on appelle *coussinet*.

Voilà tout le mystère.

La *figure* 4 de la *Planche* Ire montre cette opération : la lame étant placée en F, lui faire faire le chemin FE.

Cette incision peut être nommée *transversale*.

POUR RÉVEILLER LES YEUX ENDORMIS

Quand un arbre est vigoureux, il faut allonger les branches, sans craindre de les dénuder et de former à leur base ce que certains professeurs appellent des *yeux endormis*.

Ces yeux ne sont pas si endormis qu'ils ne puissent se réveiller et très-facilement.

Il suffit de pratiquer l'incision à la scie indiquée
fig. 4, Pl. Ire.

Je m'en sers pour avoir des branches aux extrémités et des lambourdes dans l'intérieur des
arbres.

POUR METTRE LES DARDS A FRUIT

Pour mettre les dards à fruit. j'agis de la manière suivante.

Je place la lame de la serpette à 7 ou 8 millimètres de l'empâtement du dard, et à partir de ce
point, je l'incise par le milieu jusqu'à la base : je
lui fais subir ensuite une légère cassure, et après
ces deux choses, je le remets en place comme si
rien ne lui avait été fait (voir *fig. 3. Pl. Ire*). La
lame doit suivre la route LK.

Je viens d'indiquer, à la suite l'une de l'autre,
trois opérations qui m'appartiennent en propre.
Ces trois sortes d'incision sont nouvelles, et
offrent les plus grands avantages pour amener
les arbres à leur perfection.

MANIÈRE DE DIVISER LES BOUTONS A FRUIT

Je suppose qu'un arbre ait **200** boutons à fruit et que cet arbre, par sa force et sa taille, ne puisse porter plus de cent poires; je veux, par l'opération que je vais indiquer, que cet arbre puisse produire ses deux cents poires en deux années, au lieu de se fatiguer inutilement la première année à nourrir deux cents boutons à fruit qui fleuriront, mais ne fructifieront pas ou fructifieront mal, et dans tous les cas l'épuiseront et l'empêcheront de produire l'année suivante.

C'est-à-dire que par une économie bien entendue, à ce que je crois, j'empêche l'arbre de produire peut-être quelques fruits de plus la première année, pour l'obliger à les rembourser au centuple l'année suivante.

En thèse générale, chaque bouton à fruit porte à sa base deux yeux bien prononcés que l'on nomme *boutons boursiers :* ces deux yeux vont me servir à former dans la même année, pour l'année suivante, des boutons à fruit en remplacement de ceux que je vais détruire.

Pour cela, je n'ai qu'à couper, à l'époque de la taille, les boutons à fruit que je suppose devoir être de trop, auprès des boutons boursiers, en ayant bien soin de ne pas endommager ces derniers, suivant la manière indiquée *fig*. 3, *Pl*. Ire ; je coupe suivant la ligue HI, et mes boutons boursiers HI se développent à fruit pour l'année suivante.

NOUVELLE MISE A FRUIT PAR LA GREFFE EN COULÉE

Voici comment je prépare mes branches à fruit :

Je les taille en biseau de 2 à 5 centimètres, suivant la grosseur des branches. Ce biseau doit être le plus mince possible ; il doit y avoir un œil au milieu ; puis je fais sur l'écorce de l'arbre une incision en T comme pour la greffe en écusson DEFG (*fig*. 5, *Pl*. Ire). Je coule ma branche entre les deux lèvres FG de cette plaie, quand je les ai détachées avec la spatule du greffoir, et je l'insinue jusqu'à l'extrémité de mon incision ; je ligature fortement pour bien appuyer mon biseau sur l'aubier du sujet, et j'enduis d'onguent de

Saint-Fiacre, autrement dit, de terre délayée avec de l'eau.

Cette greffe n'a pas encore servi pour les usages auxquels je l'emploie.

On peut ainsi greffer des branches de 30 à 40 centimètres de longueur, toutes garnies de boutons à fruit qui reprennent et produisent très-bien. Ces branches peuvent même servir à faire des branches charpentières et s'identifient avec l'arbre commes si elles y étaient nées.

Quant aux boutons à fruit, ils se greffent de deux manières.

La première consiste à lever le bouton à fruit comme un écusson et à le poser de même.

La seconde est plus avantageuse sous tous les rapports. Elle est identique à celle au moyen de laquelle j'ai tout à l'heure appliqué des branches à fruit sur mes arbres. Elle est plus facile à faire, reprend mieux, donne beaucoup de fruit, et l'on peut se procurer avec moins de risques les boutons à fruit, puisqu'ils sont pris à l'extrémité des branches.

On taille ces bouts de branche de la même manière que les branches à fruit dont je viens de parler, en ayant soin de laisser un œil à bois C au milieu du biseau AB. Il donne plus de facilité à la reprise, et peut au besoin servir à faire des branches à bois : c'est ce que j'appelle affranchir la greffe en coulée. Cet affranchissement peut aussi se faire dans la greffe en fente.

On peut greffer toutes sortes de fruits avec cette greffe en coulée :

Poirier sur pommier.

Pommier sur poirier (ne donne de fruit que la première année).

Pêcher sur prunier et sur abricotier.

Prunier sur abricotier.

Abricotier sur prunier.

Prunier et abricotier sur pêcher (donnent de très-gros fruits, et peuvent même servir à faire des branches).

Il n'y a pas d'époque fixe pour cette espèce de greffe des boutons et des branches à fruit. La séve est le seul guide.

Si l'on greffe trop tôt, en août, sur des arbres vigoureux, il arrive souvent que les boutons se défont ou fleurissent au mois d'octobre. Le mois de septembre est donc préférable. L'opération n'en est pas moins très-bonne, en octobre, sur les arbres vigoureux et qui conservent leur séve.

De tous ces fruits, c'est le prunier qui réussit le mieux en coulée. J'en ai fait douze greffes qui m'ont toutes réussi, et j'engage les pépiniéristes à l'essayer. Ils devront le faire en juillet et en août, avec toutes sortes de branches, mais préférablement avec l'extrémité des jeunes rameaux.

Cette greffe en coulée, dont personne, ne s'est

encore occupé, peut remplacer avec les plus grands avantages dans la culture du pêcher, les greffes en approche et en écusson ; elle est plus prompte à donner des résultats pour la garniture des branches dénudées ; elle s'identifie parfaitement avec l'arbre, peut servir à faire des branches charpentières et à varier les espèces sur le même arbre. On doit seulement retarder jusqu'à la fin d'octobre ou au commencement de novembre, le pêcher conservant sa séve jusqu'à cette époque. Ses effets sont les mêmes sur tous les arbres sus-indiqués.

Les personnes qui font des semis d'arbres fruitiers et qui attendent toujours huit à dix ans avant de les voir fructifier, peuvent, par le moyen de cette greffe, hâter l'époque de la récolte. Il faut pour cela prendre l'extrémité des branches ou les dards des sujets que l'on pense être bons et les greffer comme il est dit ci-dessus. Il suffit donc de deux années pour voir le fruit. La seconde année, le dard ou les bouts de branches greffées se tourneront à fruit.

Au premier ébourgeonnage que l'on fait au printemps, il faut se conserver de jeunes rameaux que l'on fixe le long des branches charpentières au moyen d'une ligature. Sans être nuisibles à la perfection de l'arbre, ce moyen donne des boutons à fruit pour l'année suivante.

On peut aussi se procurer des boutons à fruit sur les arbres à haute tige qui ne sont jamais taillés.

On trouve encore des boutons à fruit convenables au bout des jeunes rameaux. Ce sont même les meilleurs, et ils donnent de très-beaux fruits. On en rencontre facilement sur les arbres fertiles, *la Duchesse d'Angoulême, le Beurré magnifique, le William, le Doyenné d'hiver*, et tous ceux en général qui donnent des fruits au bout des branches nouvelles.

Ces boutons à fruit servent, au moyen des greffes précédemment indiquées, à garnir un arbre qui en serait dépourvu et à multiplier les variétés.

MANIÈRES DE METTRE LES ARBRES REBELLES A FRUIT PAR L'INCISION ET L'EFFEUILLAGE

Première manière. — Ebourgeonner sévèrement les arbres vigoureux, ne laisser aucun bourgeon à bois, les couper au fur et à mesure qu'ils poussent, ne laisser que les yeux stipulaires, et laisser libres toutes les flèches de chaque branche charpentière.

Deuxième manière. — Faire des incisions transversales sur les dards, de sorte qu'ils soient à moitié coupés jusqu'à la base du talon. Cette opération se fait à la taille du printemps.

Troisième manière. — Prendre les dards entre l'index et le pouce, et leur faire subir une torsion assez forte.

Après cela, si l'arbre n'avait pas de boutons à fruit à la fin d'août, voici ce qu'il faudrait faire à la fin du même mois.

Si l'arbre a encore de la séve, l'effeuiller entièrement : par ce moyen, le reste de séve fera grossir les dards et les mettra à fruit. Elle fera aussi développer quelques boutons à bois que l'on retranchera au fur et à mesure de leur apparition.

On peut pratiquer l'effeuillage sans crainte sur les arbres malades, à la fin de juin ou au commencement de juillet.

Il arrive souvent que quand des branches jaunissent, on peut avec l'effeuillage les faire reverdir.

Quand on sèvre une branche greffée en approche, on peut l'effeuiller, pour être plus sûr de la reprise.

TRANSMISSION DES BOUTONS A FRUIT D'UNE ESPÈCE A L'AUTRE EN VUE DE L'AMÉLIORATION DU FRUIT

J'étudie cette question depuis bien des années, mais mes travaux ne m'ont permis de faire qu'un petit nombre d'expériences que je vais rapporter cependant.

Des boutons à fruit de Doyenné d'hiver, greffés sur un poirier Madeleine, ont donné de grosses et bonnes poires. La maturité a été avancée de deux mois.

La Louise-bonne d'Avranches, greffée sur le Beurré magnifique, n'a pas varié.

Le Beurré gris, greffé sur le poirier de curé, a perdu de sa qualité, et la maturité a été retardée d'un mois.

La Duchesse d'Angoulème, greffée sur le Beurré d'Aremberg, n'a rien gagné.

Le Maréchal de Cour, greffé sur la Bonne d'Ézée, n'a pas acquis de qualité, mais la maturité a été avancée.

La poire de curé, greffée sur le beurré d'Aremberg, n'a pas acquis de qualité, mais la maturité a été avancée presque au commencement d'octobre.

Le Bési d'Echasserie, greffé sur le Beurré magnifique, n'a pas varié.

La Louise-bonne d'Avranches, greffée sur le doyenné d'hiver, n'a pas acquis de qualité, et la maturité a été retardée jusqu'en novembre.

On peut donc tirer de ce petit nombre d'observations cette seule conclusion, qui était du reste assez présumable, que les poiriers hâtifs ont accéléré la maturité des poires tardives, et que les poiriers tardifs ont retardé celle des poires hâtives.

DE L'ÉBOURGEONNEMENT ET DU PINCEMENT

On confond souvent ces deux opérations, qui sont cependant bien différentes. Ebourgeonner, c'est ôter les bourgeons inutiles qui se trouvent le long des branches et qui, par leur développement, nuiraient au prolongement des branches charpentières; on les supprime entièrement afin qu'ils n'aient plus aucune végétation.

Le pincement est une opération qui consiste à retrancher la partie supérieure des bourgeons qui naissent sur les branches charpentières, et cela, sur une plus ou moins grande longueur, suivant la manière d'opérer des arboriculteurs: les uns pincent long, les autres court.

Je commence le pincement du 20 mai au 25 juin. Je rabats mes bourgeons au-dessus de la deuxième ou troisième feuille de la base, suivant la place qu'occupent ces bourgeons sur les branches charpentières. Si je pinçais plus haut sur un œil poussant, les yeux latents de la base resteraient stationnaires; ce qui retarderait d'une année ou deux la production. Le pincement que

j'opère a pour but de faire développer les yeux
latents, qui donnent souvent, dans la même année, un bourgeon à fruit ou un dard couronné.

En opérant comme je viens de l'indiquer, on a
des branches bien lisses, qui se tiennent toujours
petites, et qui n'ont jamais ni brindilles ni têtes
de saule, comme on en rencontre trop souvent.

Lorsque les yeux d'une branche de prolongement se sont tous développés, je coupe alternativement, et de deux en deux, un bourgeon
à la deuxième ou troisième feuille, et l'autre à
l'épaisseur de 3 ou 4 millimètres du talon. Les
feuilles que je laisse ainsi servent à la fois à ap-
peler la séve et à conserver la beauté des branches sur lesquelles on a fait l'opération, et qui
sans elles se trouveraient entièrement nues.

Voilà quinze ans que je pratique le pincement
de cette manière; je m'en suis toujours parfaitement trouvé.   (*Horticulteur français*, juin 1853.)

QUELQUES MOTS ENCORE SUR LE PINCEMENT DES ARBRES ET DU PÊCHER EN PARTICULIER

Le pincement est utile comme je viens de le

dire ; mais de là à en faire tout un système de taille, il y a loin ; avant de préconiser cette méthode, les professeurs qui l'ont indiquée en auraient dû apprécier le résultat. J'ai essayé en 1827 le pincement seul et je l'ai continué pendant quatre ans ; je l'ai alors abandonné comme ne valant pas les procédés les plus ordinaires.

Ce procédé ne donne pas plus de fruit et il en donnerait plus, que l'avantage ne serait pas grand, puisque même dans les années médiocres on est obligé d'enlever du fruit pour faciliter le grossissement de celui qu'on laisse.

Il s'use vite et use vite l'arbre.

Les fruits deviennent de plus en plus petits ; cela se comprend, l'arbre donnant des milliers de bourgeons que l'on pince au détriment de l'arbre et de la grosseur du fruit, et c'est bientôt une forêt de bourgeons pincés ou non à ne plus s'y reconnaître.

Je reproduirai ici dans son entier un article publié pour la première fois dans l'*Horticulteur français* de février 1853. S'il s'y trouve quelque chose que j'aie déjà dit, ou que je puisse dire plus tard, je prie le lecteur de ne pas s'en fâcher ;

ici, comme partout où l'on a combattu la routine, une fois de plus n'est pas de trop.

FORMATION DE LA FLÈCHE DANS LES ARBRES FRUITIERS

Qui sème veut récolter. Cette maxime n'est pas neuve, mais elle n'a jamais eu, que je sache, autant de partisans qu'aujourd'hui. Autrefois, on semait encore des forêts, on plantait des jardins en vue des jouissances qu'on pourrait procurer à ses petits-enfants. Notre génération est moins débonnaire. Elle veut jouir, avant tout, de ce qu'elle érige, et elle tient peu à répéter avec le bon La Fontaine :

Mes arrière-neveux me devront cet ombrage,

surtout quand cet ombrage doit protéger quelques bonnes poires ou de délicieuses pêches.

En effet, la plupart des propriétaires qui plantent aujourd'hui des arbres fruitiers sont tellement pressés d'en savourer les fruits, qu'ils achètent des sujets ayant plusieurs années de pépinière, espérant, par là, obtenir en peu de temps une récolte abondante et des arbres d'une grande dimension ; mais, souvent, ils ne sont qu'à moitié satisfaits. Ces *arbres formés*, comme on dit, produisent bien des fruits; mais ils sont d'une lenteur désespérante à former de belles pyramides ou à tapisser le mur d'un espalier. D'où vient cette *lenteur?* — Uniquement de la manière dont on pratique la taille.

Lorsqu'un arbre formé, une palmette par exemple, sort d'une pépinière, il est âgé généralement de trois ans, garni, au plus, de 8 ou 10 branches charpentières placées à 25 et 30 centimètres les unes au-dessus des autres, ce qui fait un arbre de 1 mètre ou 1 mètre 30 cent., sans compter la branche de prolongement qui constitue la flèche.

Aussitôt qu'un propriétaire possède un pareil arbre, son jardinier, ou lui, le taille suivant les principes généralement admis, et la flèche se trouve rabattue à 10 centimètres au-dessus de son point de départ; quelquefois, cependant, quand l'arbre est très-vigoureux, on lui laisse une longueur de 15 à 25 centimètres; mais alors on redoute les conséquences d'une taille aussi allongée. L'arbre pousse; la séve, qui s'élève toujours dans les parties supérieures, excite les trois ou quatre yeux du sommet, qui se développent en bourgeons à bois; et, l'année suivante, ils servent à établir, l'un (le supérieur) la flèche, et les autres, une ou deux nouvelles branches charpentières. Tous les yeux inférieurs restent stationnaires ; ils finissent, après un certain laps de temps, par s'annuler complétement. Ainsi, un arbre conduit de cette manière ne donne donc que deux ou quelquefois trois branches charpentières à chaque taille, et il ne s'allonge que de 10 à 25 centimètres au plus par année. On peut se faire une idée du temps que mettra une palmette pour garnir un mur de 3 à 4 mètres de hauteur.

Voyant le découragement gagner chez les propriétaires, je me hasardai, il y a une douzaine d'années, à rompre avec la vieille méthode, et je m'en suis parfaitement trouvé ; car j'obtiens en quatre ans ce que d'autres ne peuvent obtenir qu'en huit ou dix.

Je ne parlerai, aujourd'hui, que de la formation de la flèche et de la manière de faire développer tous les yeux, dont le rameau de prolongement est garni, pour en faire autant de branches charpentières ; je reviendrai, plus tard, sur la manière dont j'élève et forme mes sujets.

Dans les arbres vigoureux, je donne, au rameau de prolongement de la flèche une longueur de 50 et même de 60 centimètres ; je l'allonge moins, bien entendu, dans les arbres d'une moindre vigueur ; j'agis toujours suivant le degré de force de la végétation. Si je laissais ainsi ce rameau, les quatre ou cinq yeux supérieurs se développeraient seuls ; les inférieurs ne bouge-

raient pas, et ma flèche se trouverait dégarnie,
par conséquent, sur une longueur de 40 à 50 centimètres; c'est ce qui ne m'arrive jamais.

Pour obtenir des bourgeons à bois, depuis le
haut jusqu'en bas de cette flèche, et à 10 ou 12
centimètres les uns des autres, voici ce que je
fais : Je commence par supprimer tous les yeux
qui, en se développant, seraient inutiles ou nuisibles à la belle conformation de mon arbre.
Dans une palmette, j'enlève tous ceux qui sont
en arrière et en avant, et je respecte tous les la-
téraux que je veux faire développer. Cette suppression faite, j'éborgne les trois ou quatre yeux
qui se trouvent au-dessous de l'œil terminal, et
qui, par leur position, absorberaient une trop
grande quantité de séve. Mais, pour favoriser l'é-
volution des bourgeons de la base, cet *éborgnagne*
ne suffit pas; il faut arriver à ralentir, dans cette
partie, le mouvement ascensionnel de la séve, et
j'y arrive en pratiquant, avec la serpette, une
très-faible incision de l'écorce au-dessus de
chaque œil situé dans la partie inférieure de ma
jeune flèche.

Les choses étant ainsi établies, tous les yeux
conservés se développent régulièrement, même
ceux de la base, et, à la place des yeux éborgnés,
on voit naître ordinairement deux sous-yeux, qui
produisent des bourgeons dont la vigueur est en
rapport avec leur position ; je supprime alors le

moins bien placé, et je conserve l'autre. Ma flèche se trouve donc ainsi garnie, en une année, de huit et dix branches charpentières parfaitement équilibrées ; ce qui aurait demandé, par la méthode ordinaire, au moins trois ou quatre ans.

Si je n'éborgnais pas les yeux du sommet, moins le terminal, bien entendu, tous ces yeux produiraient des bourgeons d'un développement extraordinaire ; et, malgré mes incisions, la séve, appelée par eux, n'aurait pu fournir qu'une très-faible nourriture aux bourgeons de la base qui seraient grêles et peu en harmonie avec ceux du haut. Mais, je le répète, en éborgnant les yeux du sommet, en pratiquant une incision jusqu'au bois, au-dessus des yeux de la base, et en laissant développer normalement les intermédiaires, c'est-à-dire ceux du milieu du rameau-flèche, on obtient, de tous les yeux, des branches charpentières parfaitement équilibrées, très-rapprochées les unes des autres, mais sur lesquelles il faut bien avoir soin de ne laisser naître ni gourmands ni brindilles.

MODÈLES DE PALMETTES

Je viens de donner le moyen de faire développer à flèche les branches latérales dans la palmette. Je donne un modèle pour mieux préciser
mon explication, dans la *Planche* VIII, *figure* 17.

Cet arbre, qui est âgé de onze ans, et qui se
trouve chez M. Dresch, mesure 8 mètres 30 d'envergure et 3 mètres de hauteur. Son développement en hauteur est arrêté par le chaperon du
mur, de sorte que l'équilibre n'existe plus; ce qui
du reste cesse d'être nécessaire, l'arbre étant à
sa plus haute période de perfection.

Il compte cinquante branches, il a été complet
la septième année; il a passé par les mêmes pha-
ses que l'arbre indiqué *fig*. 14.

On peut juger, par l'énoncé de ce résultat, des
avantages qui résultent d'une moins grande ri-
gueur dans les distances des branches, qui ne se
trouvent ici espacées que de 10 à 12 centimètres.

Si la critique faisait de cela un défaut, je lui
répondrais toujours péremptoirement par le raisonnement suivant :

Je peux faire aussi bien que qui ce soit des arbres d'une régularité mathématique, j'en donne
la preuve dans les *figures* 12 et 20; mais je ne crois
pas que, par suite des sacrifices qu'elle entraîne
après elle, cette régularité puisse compenser la
perte de temps et de produit qu'elle occasionne.

Cet arbre, que j'ai obtenu en sept ans, n'aurait
pas été complet avant la seizième année, et je
n'aurais eu que moitié moins de branches, c'est-
à-dire moitié moins de fruit.

Pour prouver que dans tous les terrains on peut
réussir à faire des arbres pareils à ce modèle, je
joins ici une palmette simple de cinq ans (*fig*. 18,
Pl. IX). Cette palmette, qui compte vingt-quatre
branches, se trouve à Bezancourt, chez M. Vavin.
Son développement est retardé par suite d'une
transplantation, mais elle n'en a pas moins un
bel avenir.

Elle est taillée; le retrait des petites branches
de la partie supérieure est une suite de la transplantation; à l'automne tout sera régularisé.

FORMATION DES DOUBLES PALMETTES DANS LE POIRIER

Pour former mes doubles palmettes, je choisis des sujets de deux ou trois ans, les mieux faits et les mieux garnis d'yeux à la base. Je plante sans avoir égard à l'ancienne méthode ; peu m'importe que la greffe se trouve devant ou le long du mur. Je donne à mes jeunes arbres la position la plus convenable, c'est-à-dire celle qui m'offre, sur les côtés, les yeux les mieux placés pour obtenir mes deux flèches ou branches charpentières. Je rabats ensuite les yeux que j'ai choisis à 11 ou 15 cent., suivant que je veux élever plus ou moins mes branches du sol (A, *fig*. 10, *Pl*. III.)

A la pousse, je choisis les deux bourgeons les plus favorables à la formation de mes branches charpentières, et lorsqu'ils ont atteint une longueur de 35 à 40 centimètres pour les arbres vigoureux et 20 à 25 pour les plus faibles, je fais un pincement CC (*fig*. 10), afin de refouler la sève dans les yeux de la base, et je taille ensuite un peu plus bas, BB (*même fig.*).

Par ce moyen, j'obtiens, dès la seconde année de plantation, des arbres qui ont 3 ou 4 branches de chaque côté, comme on le voit dans la *fig.* 11. A la seconde taille, je supprime tous les yeux qui pourraient nuire au développement de ceux destinés à former mes branches latérales, et en traitant mes deux flèches comme je l'ai indiqué, on obtient en 5 ans un sujet d'un mètre 40 centimètres de hauteur, se composant de 14, quelquefois de 16 branches de chaque côté et parfaitement équilibrées, comme on le voit dans la *figure* 12.

(*Horticulteur français.*)

A côté de ce modèle d'une double palmette parfaitement régulière, j'en placerai un second: c'est une double palmette de quatre ans de greffe, sur un tronc récépé ; elle compte trente-six branches. Elle est appuyée sur un if en fil de fer, (*figure* 19, *Pl.* X). Elle se trouve chez M. Pomme, et comptait 235 poires l'année dernière. D'après la méthode ordinaire, les branches devraient être à 25 centimètres l'une de l'autre, on aurait obtenu ainsi dans le même espace de temps un arbre de huit branches, dix au plus, et le fruit serait encore à venir.

Pour ne pas me donner gain de cause dans

cette comparaison, il faudrait être bien difficile ou bien prévenu.

Cet arbre n'est ni dressé ni taillé; j'ai indiqué, au moyen de traits à l'extrémité des branches, l'endroit où devra se faire la taille. Il faudra de plus supprimer les quelques branches à bois qui se trouvent dans la partie inférieure, perpendiculairement aux branches charpentières.

PALMETTE SIMPLE A BRANCHES OPPOSÉES

La disposition des feuilles du poirier, et par conséquent les yeux qui se trouvent à l'aisselle de ces feuilles, ne permettent pas d'obtenir naturellement des branches opposées, c'est-à-dire des branches placées deux à deux vis-à-vis l'une de l'autre. Dans les palmettes simples ordinaires, les branches sont toujours alternes sur la flèche. Pour obtenir des rameaux opposés, on a essayé de poser des écussons vis-à-vis des yeux naturels; mais ce moyen ne réussit pas toujours, beaucoup d'écussons ne prenant pas; en outre, c'est un travail très-délicat, que ne peuvent toujours faire les personnes qui n'ont pas l'habitude de greffer.

J'obtiens ce résultat par le procédé le plus simple : par le pincement. On a déjà essayé de ce procédé, mais les palmettes ainsi obtenues laissaient quelque chose à désirer pour la régularité de la forme ; les branches ne se trouvaient pas toujours exactement sur le côté. Cette irrégularité provenait de ce que le pincement n'était pas fait sur un œil convenable.

Pour avoir une palmette régulière à branches opposées, voici comment j'opère : Je prends un sujet de 2 ou 3 ans ; lorsqu'il est planté, je le rabats en biseau du côté du mur, à la hauteur de 14 à 15 centim. du sol, et au-dessus d'un *œil de face;* la position de l'œil est très-importante. Quand, au moment de la séve, je vois l'œil que j'ai conservé pour faire ma branche verticale, ou flèche, bien développé, je supprime tous les autres yeux qui, par suite de leur absorption, nuiraient au développement du bourgeon terminal. Lorsque ce bourgeon a une longueur de 10 à 12 centim., je le pince afin de faire développer les deux yeux latents qui se trouvent à la base, et avec lesquels je forme ma première paire de branches, une à droite et l'autre à gauche. Mais il est rigoureusement nécessaire de faire ce pincement dans la partie la plus tendre, et au-dessus d'une *feuille de face,* quand cette feuille n'est pas encore entièrement développée ; c'est là tout le secret : c'est de n'opérer le pincement qu'au-dessus d'une *feuille de face*.

En continuant cette opération, à mesure que le bourgeon de prolongement de la flèche a de 10 à 12 centim. de longueur, on obtient une palmette simple à branches opposées, parfaitement régulière. Si l'opération est bien conduite, on peut faire naître quatre branches charpentières dans la seconde année, et si le sujet est vigoureux, on en pourra faire développer jusqu'à six les années suivantes.

Il faudra peu de temps, comme on voit, pour obtenir un arbre formé, semblable à celui qui est représenté dans la *Planche* XII, *fig.* 20.

(Horticulteur français, 1853.)

CORDONS EN CONTRE-ESPALIERS OU BORDURES

Pour établir des cordons en contre-espaliers ou bordures, il faut se servir de pommiers, poiriers, pruniers, cerisiers et abricotiers.

On établit des cordons en fil de fer ou mieux en fil de fer galvanisé du n° 15. Ce dernier fil de fer dure plus longtemps en ce qu'il est inattaquable à la rouille et coûte 1 franc 50 c. le kilogr. ou 1 franc 40 c. en gros. Un kilogr. peut suffire à 33 mètres de cordon. Ce qui met le mètre courant à 5 centimes environ

Le fil de fer convient aux arbres énumérés plus haut, mais ne convient pas à la culture du pêcher.

PLANTATION DU POIRIER ET DU POMMIER EN CORDONS

Pour faire cette plantation, il faut prendre de préférence de jeunes sujets d'un an à tous autres. Plus ils sont gros et longs, meilleurs ils sont et pour la reprise et pour la perfection de la plantation. On trouve facilement, du reste, dans les pépinières des sujets de poirier de 5 à 6 pieds de long.

J'établis mes fils de fer de la façon suivante : Je plante à chaque extrémité de mon terrain un pieu que j'élève à 50 centimètres au-dessus du sol. Je place mon premier fil de fer au sommet du pieu, je l'y fixe et je le tends. J'agis de même pour le second, que je place à 25 centimètres au-dessous. Cette distance des deux cordons est suffisante.

Je plante mon premier arbre le plus près possible du pieu et je l'incline du côté opposé, de façon à le coucher sur le fil de fer (1, 1, *fig.* 6, *Pl.* II). Les deux extrémités du cordon supérieur ainsi occupées, je calcule la longueur de mon fil et je plante de façon à laisser à chaque arbre une largeur de 4 mètres à parcourir, environ. De huit en huit mètres, j'établis donc deux arbres, à 20 centimètres l'un de l'autre, de manière à ce qu'ils forment un V (3, *même fig.*, *même Pl.*). Mon cordon supérieur ainsi garni, je m'occupe du second, et je plante de même deux arbres disposés en V, à 20 centimètres l'un de l'autre, au milieu de l'espace laissé libre pour les arbres du premier cordon (2, 2, *même fig.*).

Au moyen de cette plantation on obtient en trois années de beaux arbres en plein rapport.

Il faut avoir soin, en plantant les arbres, de ne pas casser l'extrémité; il ne faut pas non plus les tailler, on nuirait à leur développement et à leur production. J'ajouterai que la taille de ces arbres est inutile, il suffit d'empêcher tout développement à bois, par les moyens ci-dessus indiqués (*incision*, *pincement*, etc.).

Le poirier, le pommier, le prunier et le cerisier s'accommodent très-bien de cette méthode, qui est préférable à la plantation oblique.

Ma dernière recommandation sera de choisir les espèces les meilleures et les plus fertiles pour les soumettre à cette forme.

Je puis en montrer chez moi des modèles.

DIVERSES AUTRES FORMES DU POIRIER

J'indique, *fig.* **7**, *Pl.* **II**, une méthode très-productive et garnissant très-bien les murs et les treillages. Cette méthode consiste en ceci :

J'établis à chaque extrémité de mon mur ou de mon treillage une demi-palmette (1, 1); au centre je place ma palmette, soit à bandes opposées, comme il est indiqué dans cette *figure* (3), soit toute autre. Le vide laissé entre les demi-palmettes extrêmes et la palmette centrale est rempli au moyen de poiriers obliques, placés à 25 centimètres les uns des autres.

Ce moyen est à la fois très-gracieux et très-productif.

Si l'on ne voulait pas de palmette au milieu, on peut continuer tout le long de son mur l'oblique, comme il est indiqué *fig.* 8.

L'on peut faire des berceaux avec de jeunes scions de poirier, en les plantant de toute leur longueur à 25 centimètres les uns des autres. Les berceaux se trouveront ainsi garnis la première année et les arbres auront des fruits la seconde de la plantation.

DU PRUNIER ET DU CERISIER

Tout ce que j'ai dit pour le poirier peut s'appliquer au prunier et au cerisier. Je me bornerai donc à en donner des exemples dans les *fig.* **21** et **22** (*Pl.* XII et XIII).

La *Planche* XII représente un prunier en palmette appuyé sur un if en fil de fer (1). Il n'est pas taillé, mais la taille est indiquée. Il a six ans et compte trente-six branches. Il se trouve chez M. Vavin.

La *Planche* XIII représente un cerisier qui compte quatre années de rabattage. Il est chez M. Angé, à Vincennes. Il est établi en double palmette et compte trente-sept branches. L'irrégu-

(1) Cet if se compose d'une barre horizontale, placée au niveau de terre, sur le milieu de laquelle s'élève une autre barre verticale, destinée à supporter le tronc de l'arbre. Des fils de fer, placés à 17 centimètres l'un de l'autre, forment un treillage destiné à recevoir les branches charpentières. Ce nouveau système est fort léger et produit dans les jardins un très-bel effet.

larité du côté droit est produite par le rabattage qui a eu lieu sur la base. La taille est indiquée, et comme on peut le voir, je n'ai pas tenu compte des deux petites branches restées en route que j'obtiendrai plus tard facilement sans rien retarder de son développement.

Ces deux arbres répondent aux objections de ceux qui prétendent que le prunier et le cerisier refusent de se laisser conduire comme le poirier. Ils n'ont ni acots, ni toques, et les branches sont aussi lisses qu'on pourrait le souhaiter dans un poirier. Elles ne sont garnies que de boutons à fruit.

POUR RÉGLER LA SÉVE DANS LES ARBRES VIGOUREUX

Voici comment j'agis dans le cas d'arbres rebelles dont toute la séve devient bois.

Je prends à vue d'œil l'aplomb de l'arbre, je supprime toutes les grosses branches, et je taille les plus petites que je mets en équilibre avec la flèche.

J'allonge les branches le plus possible, afin qu'elles se garnissent de boutons à fruit pour l'année suivante ; ce qui ne manque jamais, car les canaux séveux sont rétrécis et le flot de séve est réglé dans son cours.

Au printemps, c'est-à-dire à la première séve, je supprime strictement tous les bourgeons nouveaux, afin que les boutons à fruit de mes petites branches profitent. J'éborgne et je pince toute la saison de la séve.

Je ne conserve que les branches utiles à former ma charpente.

Je ne parle ici que des arbres gros et formés qui, depuis bien des années, ne donnent pas de fruit.

On n'a donc pas besoin d'avoir recours aux moyens préconisés jusqu'à présent, tels que la transplantation des arbres, la coupure des racines, la torsion des branches, leur cassure, leur entrelacement, etc. On n'a pas besoin non plus de laisser une quantité de brindilles qui ne peuvent être que nuisibles à l'arbre par le nombre et le développement qu'elles prennent.

DU RABATTAGE ET DU RAJEUNISSEMENT DES ARBRES

Des arbres usés, décrépits, comme on en rencontre souvent dans les jardins mal tenus et négligés, et qui ne rapportent rien depuis bien des années, peuvent-ils être rajeunis?

Quand les circonstances que je viens d'énumérer se présentent, beaucoup de personnes s'empressent de rabattre leurs arbres ou de les greffer, croyant par ce moyen attendre moins longtemps le fruit qu'ils convoitent.

Il agissent justement au rebours de leurs

intérêts. Une plantation nouvelle , bien faite dans les principes que j'ai indiqués, rapporte dès la deuxième ou troisième année, et on possède des arbres que l'on voit pousser et grandir et qui ont de l'avenir devant eux, tandis que les vieux arbres rabattus ou regreffés ne sont rajeunis que tout juste, c'est-à-dire que les nouvelles branches seules sont jeunes et qu'elles ne tardent pas à périr (au bout de trois ou quatre années souvent), par suite de chancres et d'anneaux qui les détruisent une à une.

Ma conviction est donc qu'il est mauvais et tout à fait inutile de faire ces opérations, surtout sur les arbres de jardins que l'on veut soumettre à des formes régulières. Elles sont tout au plus bonnes pour les arbres à haute tige avec lesquels on peut obtenir de bons résultats en les greffant sur toutes les branches.

Mais si on les rabattait à 50 centimètres du sol, ils périraient la même année.

J'ajouterai que le prunier et le cerisier sont les plus rebelles, à cause de la trop grande quantité de gomme ou glu qui se forme à tous les endroits mis à vif.

MOYENS DE DONNER DE LA VIGUEUR AUX ARBRES FRUITIERS

On voit dans beaucoup de jardins des arbres malades par le manque de séve, et qui, le plus souvent, arrivent à une fin prématurée. J'ai pensé que des incisions sur les racines devaient produire le même effet que sur le corps d'un arbre, c'est-à-dire provoquer le développement de nouvelles ramifications ; ce qui est arrivé.

Depuis longtemps je me sers de ce procédé, et les résultats que j'en ai obtenus ont toujours été satisfaisants.

La manière d'opérer est très-simple. Il suffit de découvrir les racines d'un arbre quelconque qui manque de vigueur, d'en rechercher les plus grosses, et d'y faire avec la scie ainsi que sur le tronc des incisions assez profondes en différents endroits. Cette opération faite, on recouvre les racines avec la meilleure terre du jardin. L'année suivante, l'arbre a développé, au-dessus des incisions, une grande quantité de petites racines, qui sont autant de suçoirs qui fournissent à l'arbre la quantité de séve dont il a besoin.

Il arrive aussi que des arbres greffés sur coignassier étant plantés dans un terrain qui ne convient qu'à des arbres sur franc ne prennent pas un beau développement, et ne poussent que médiocrement. On remédie à cet état de choses en affranchissant ces arbres, c'est-à-dire en pratiquant des incisions dans le bourrelet de la greffe pour en obtenir des racines. Si ce bourrelet est au-dessus du sol, on l'enterre en rapprochant la terre autour. J'ai employé longtemps la gouge pour faire ces incisions ; mais elle offre quelques difficultés, et on ne réussit pas toujours. La scie est de beaucoup préférable. On fait avec cet instrument deux ou trois incisions dans le bourrelet de la greffe, et, en les recouvrant de terre comme il a été dit plus haut, on obtient des racines qui donnent à l'arbre la même vigueur que s'il était greffé sur franc.

Je n'entends parler ici que des arbres qui manquent seulement de végétation ; car, pour des arbres vieux et usés, l'opération de l'incision est tout à fait inutile ; elle ne saurait leur rendre la vie.

(Horticulteur français.)

OBSERVATION SUR CE QU'ON NOMME LE COULAGE DES BOUTONS A FRUIT ET COMMENT ON PEUT L'EMPÊCHER

Bien des gens, praticiens, auteurs ou amateurs, disent que les boutons à fruit gèlent et tombent au printemps. Cette destruction des boutons à fruit n'est pas due au froid, elle vient d'un insecte, nommé *lisette* ou *coupe-bourgeon*, qui dépose ses œufs dans les rosettes des boutons à fruit. Ces œufs éclosent dans le courant de septembre ou d'octobre, et donnent naissance à de petits vers qui s'introduisent à l'intérieur des boutons à fruit et y causent un ravage dont on ne peut s'apercevoir qu'en novembre ou décembre et qu'ils continuent jusqu'à la floraison. En février et mars, quand ils ont fini de consommer les boutons, ils se métamorphosent en lisettes et dévorent alors les fleurs, coupent les bourgeons et la flèche même de l'arbre dont la destruction est si préjudiciable; la flèche, comme je l'ai dit déjà, étant le gouvernail de l'arbre.

Ce sont ces insectes qui rendent les noisettes,

les pommes et les poires véreuses, en pondant leurs œufs dans la fleur.

Je crois aussi que c'est la lisette qui produit des vers dans le raisin ; on peut en voir des œufs en quantité considérable auprès des jeunes rameaux. Je n'ai pas expérimenté sur ces œufs de la vigne ; mais en conservant dans une boîte des boutons à fruit attaqués par la lisette, on peut voir les différentes métamorphoses qu'elle subit, voir les œufs, les vers et finalement l'insecte éclore au printemps.

Cet insecte, qui se reproduit plusieurs fois dans l'année, est très-difficile à détruire; on ne peut en détruire la plus grande partie qu'en cherchant sur les arbres les boutons à fruit attaqués, et en les écrasant ou en les brûlant.

Ce ver affectionne principalement les arbres greffés sur franc.

DIFFÉRENCE DE QUALITÉ DES FRUITS SUIVANT LES LIEUX

J'ai voulu chercher quelle pouvait être la cause des différences que l'on remarque entre tels ou tels fruits de même espèce, mais placés dans des lieux différents, et je crois que la nature du sol n'agit que secondairement, quoiqu'on puisse la croire cause déterminante.

J'ai planté rue du Buisson-Saint-Louis deux espèces de poiriers bien connues, un doyenné ordinaire et une poire de curé. Le doyenné venait bien, le curé mal. Sachant que la poire de curé était bonne à Belleville, je fis venir de cette terre dont je remplis un tonneau que j'enfonçai en terre. Mon doyenné continua à bien aller, mais le curé ne changea pas ; il donna en deux ans dix-sept poires très-mauvaises. Depuis, j'ai transporté les mêmes arbres à Belleville : le doyenné est toujours bon, et le curé l'est devenu.

Il y a donc, selon moi, autre chose que l'influence de la terre dans cette différence de valeur des fruits, et cela s'explique, puisque certains pays donnent des produits incomparablement meilleurs que les pays voisins. Montreuil, par exemple, donne des pêches excellentes et les pêchers se développent parfaitement dans son terrain. Etablissez dans une autre localité un sol tiré de Montreuil, et ce sera peine perdue. Sans pouvoir expliquer la cause de ces différences, je me borne donc à dire encore une fois que le sol n'agit que d'une façon secondaire.

Je laisse aux chimistes le soin d'expliquer les causes cachées de ce que je viens d'avancer ; mais, d'après mes observations, voici ce que je puis ajouter pour corroborer mon opinion.

Dans tous les pays, dans tous les terrains, j'ai toujours trouvé très-bonnes les espèces de poires suivantes :

Le Doyenné ordinaire, le Doyenné gris et roux, le Beurré gris, la Louise-bonne, le Beurré d'Amanlis, le Délice d'Hardenpont, le William, le Passe-Colmar, le Beurré Picquery, l'Orpheline d'Enghien, l'Epargne, le Bon-Chrétien d'été, le Bon-Chrétien d'hiver, et quelques autres.

Les suivantes varient suivant les pays :

La Duchesse d'Angoulême, la Poire de curé, le Beurré Chaumontel, le Beurré Noirchain, le Beurré incomparable, le Colmar d'hiver, le Colmar d'Aremberg, la Bergamote fortunée, la Baronne de Mello, le Bon-Chrétien d'Espagne, la Crassanne d'hiver ou Beurré Bruneau et beaucoup d'autres.

Lorsqu'on ne connaît pas la nature des produits du pays où l'on veut faire des plantations, si l'on veut agir à coup sûr, on fera bien de choisir dans la première liste.

Aux environs de Paris et dans les départements voisins que j'ai pu visiter, j'ai remarqué que les arbres en plein vent étaient abandonnés, pour ainsi dire, non-seulement aux vents de toute sorte qu'ils sont faits pour supporter, mais encore à la plus grande malpropreté qu'un arbre, quel qu'il soit, ne supporte pas sans danger.

La mousse, les lichens, le bois mort, une foule de brindilles inutiles et toutes sortes de plantes parasites élisent leur domicile partout où il y a de la place, de sorte qu'il n'en reste plus pour les fruits, ou bien ces fruits sont petits et de mauvaise qualité.

Faire un nettoyage général tous les deux ans n'est pas une grande affaire. Faites-le donc, et, après avoir enlevé toutes ces superfluités inutiles, vous serez grandement récompensé de vos peines ; une nouvelle séve revivifiera l'arbre, et les fruits viendront bien supérieurs en qualité.

DU PÊCHER

Le pêcher est un des arbres les plus recherchés des amateurs; mais c'est en même temps un des arbres les plus rebelles entre les mains des gens peu exercés.

Il serait difficile de compter le nombre de pêchers qu'on plante chaque année dans les environs de Paris; il serait difficile surtout de compter combien de ces jeunes arbres n'arrivent pas à leur complet développement. Une méthode qui a l'avantage de produire vite, de garnir promptement les murs et de permettre de remplacer les sujets sans faire de grands vides, vient d'être remise en faveur depuis quelques années; je la préconise avec tout le monde, quoique j'aie prouvé dans le *Résumé de mes travaux* qu'elle n'est pas nouvelle, et j'en donne ici la figure (voir *Pl.* II, *fig.* 8). C'est la méthode de plantation nommée *oblique*. Mais pour que l'oblique remplisse les murs entièrement, il faut, aux deux extrémités 1 et 3, planter une demi-palmette verticale en 1 et en **3**, une demi-palmette oblique.

Outre l'*oblique*, les méthodes les plus ordinaires sont : la *palmette*, le *candélabre*, l'*U*, la *lyre*, la *taille carrée*, les *palmettes verticale* et *horizontale*, l'*éventail*, le *V;* mais comme une partie de ces genres n'est que le résultat de la fantaisie du praticien, je m'occuperai seulement des plus vite faits et des plus productifs, qui sont l'*oblique*, déjà nommée, le *V* et l'*éventail*.

La forme en **V** offre tout avantage sous ces deux rapports que j'ai toujours cherché à concilier, l'agrément de la forme et la fertilité. Elle est aussi promptement faite que l'oblique dans les bons terrains; il suffit, en effet, de cinq années dans un terrain ordinaire et de quatre dans un bon terrain; car la troisième année on peut obtenir deux branches de chaque côté; à la quatrième on courbe la flèche et l'arbre est terminé.

La *fig.* 23, *Planche* **XIV**, représente un pêcher soumis à la forme en **V**. Il n'est pas taillé, mais on voit qu'il est suffisamment régulier et qu'il ne contient pas de bois inutile (1).

La forme en *éventail*, dont j'ai exposé un modèle

(1) Pris par le temps, je n'ai pu donner qu'un faible échantillon de pêchers. Je renvoie les amateurs à La Ferté-en-Laye, chez M. Langevin, où l'on trouvera un grand nombre de pêchers soumis à ma méthode, et qui peuvent donner une idée plus satisfaisante des résultats que j'obtiens.

en 1846 au Luxembourg, offre les mêmes avantages.

La grande difficulté dans tous les genres n'est pas la position des branches charpentières; il suffit de savoir prendre ses mesures, et tout le monde est apte à cela. Je dirai seulement aux amateurs et aux praticiens de pas trop s'attacher à cette régularité mathématique au moyen de laquelle on perd souvent une année, faute de 4 ou 5 centimètres, et grâce à laquelle on use l'arbre ; car rien ne lui est plus préjudiciable que les rabattages, qui le font vieillir sans qu'il puisse prendre d'accroissement, et laissent les murs vides et sans verdure.

Du reste, il n'y a pas de règles générales quant aux distances à établir entre les branches charpentières. Certains auteurs demandent 1 mètre, d'autres 80 centimètres, d'autres 0,70, 0,60, 0,50; j'indique la marge de 60 à 70 centimètres.

Quant à l'équilibre de l'arbre, je l'obtiens au moyen de la taille, de l'ébourgeonnement et du pincement.

La taille des pêchers doit se faire le plus tard possible, afin de pouvoir remplacer les branches qui ont péri par la gelée, dont les inconvénients se font surtout sentir à la première séve du printemps.

Voici maintenant comment j'opère.

Je taille très-court ; car les coursons les plus

longs que je puisse montrer sur des arbres de huit années n'ont pas plus de 10 centimètres de longueur. Par ce moyen, j'ai toujours de très-beaux fruits placés à la base des coursons, ce qui fait l'ornement des branches charpentières.

Pour conserver mes coursons toujours courts et ne pas dégarnir mes branches fruitières de la base, je pince très-strictement les bourgeons de l'extrémité de chaque acot, afin de conserver les yeux de la base. Toute la séve alors est poussée dans le fruit qui grossit, et le courson n'a pas la possibilité de prendre l'extension souvent nuisible et toujours laide que je lui vois prendre sur les autres arbres.

On doit comprendre tout ceci facilement; et du reste c'est là la dernière partie du travail à exé-cuter sur le pêcher; les trois premières étant l'ébourgeonnement, le pincement et le palis-sage. La taille ne vient qu'après.

L'ébourgeonnement consiste à supprimer tous les bourgeons mal placés qui nuisent à la végé-tation des bourgeons utiles et à la formation de l'arbre.

Si, après l'ébourgeonnement, il se développait quelques yeux stipulaires, ainsi qu'il arrive dans les arbres vigoureux, il serait très-facile de les mettre à fruit; il suffit pour cela de les pincer sur les yeux les plus près de la base. Par ce moyen on obtiendra une ou denx petites branches bien préparées à fruit, qui vaudront mieux qu'une grosse et qu'on soumettra à la torsion, au cassage ou au pincement réitéré.

Le premier pincement doit se faire dans le cou-rant d'avril, et plus tôt si le printemps est hâtif. Il doit se faire sévèrement sur tous les bourgeons qui se développeraient trop vigoureusement à la partie supérieure des branches charpentières. Il faut les réduire à 3 ou 5 centimètres, suivant leur vigueur et leur position, afin de faire développer les yeux de base qui serviront à faire des bran-ches fruitières. On se donnera de garde de pincer les parties inférieures, car il est très-rare de voir trop de séve dans ces parties.

Le deuxième pincement se fait de mai en juin, c'est-à-dire quand la majorité des branches a atteint la longueur de 20 à 25 centimètres. Je pince alors toutes les branches en général, excepté celles qui sont trop menues et n'ont pas atteint la longueur susdite. Comme il y a déjà quelques bourgeons nouveaux, je les réduis à la longueur de 15 à 20 centimètres, suivant la position qu'ils occupent.

Je pince plus court les bourgeons qui se trou-vent auprès des branches de prolongement des flèches, pour donner la facilité de se développer au bourgeon que l'on prendra pour prolonger ces branches.

Ce bourgeon ne doit pas toujours être l'œil sur

lequel on a taillé, mais le plus souvent le voisin ; car sur le premier il se développe de faux bourgeons qui font toujours de mauvais coursons. Cet inconvénient qui n'a pas lieu sur le second doit inviter à le protéger pendant tout le courant de sa végétation. On a toujours ainsi de bonnes branches de prolongement.

Le palissage se fait en juin et se continue en juillet. On revient alors sur les premiers et deuxièmes pincements que l'on rectifie.

Comme chaque bourgeon a subi un pincement, il s'est développé aux extrémités des rameaux deux ou trois nouveaux bourgeons ; je fais alors en palissant ce que je nomme *taille en vert;* sur les deux ou trois bourgeons qui ont poussé, j'en supprime un ou deux, n'en réservant qu'un, l'inférieur. Je palisse dans toute la longueur et je ne pince que l'extrémité.

Toujours mon fruit se trouve placé à la base des coursons, et j'ai toujours de jeunes bois sur les branches charpentières et jamais des coursons de 30 à 50 centimètres, comme j'en vois journellement aux environs de Paris et même chez d'habiles arboriculteurs.

Tout ceci se fait également sur toutes les formes d'arbres que l'on veut avoir. Je n'ai pas besoin d'entrer dans les détails sur la manière de les conduire chacun en particulier ; ceci n'est plus que du dessin et non de l'arboriculture.

Ces trois opérations principales une fois bien faites, on ne doit pas éprouver de difficultés pour opérer la taille au printemps.

Je dois dire encore qu'entre chacune d'elles on doit faire des visites aux pêchers pour pincer les quelques bourgeons qui pourraient croître et nuire à la perfection de l'arbre.

On sait que le pêcher ne doit pas se tailler en hiver. La raison que j'en donne est celle-ci.

Le pêcher ne craint pas plus la gelée que les autres arbres, abrité comme il l'est surtout par les murs; mais il a l'inconvénient de produire beaucoup de gomme et de perdre par suite beaucoup de petites branches fruitières épuisées par la production des années précédentes. Cette gomme se produisant au printemps, il faut attendre, pour tailler, que la séve ait un mouvement déjà prononcé, afin de pouvoir juger de l'étendue de la perte de branches qu'on peut avoir faite et aviser aux moyens de les remplacer, si l'on ne veut pas avoir des branches dénudées, comme cela arrive trop fréquemment, à Montreuil même, où l'on voit des acots de 40 à 50 centimètres placés le long des branches charpentières pour en dissimuler la nudité.

Si à la taille on a allongé des acots ou petites brindilles pour avoir du fruit, on doit supprimer les yeux à bois qui se trouvent entre la base et celui de l'extrémité, afin de pouvoir faire développer ceux de la base qui ont été conservés pour faire des branches de remplacement. Si les acots allongés n'ont pas tenu leur fruit à l'ébourgeonnement qui se fait dans le courant d'avril, on doit en faire la suppression près des yeux conservés, pour faire des branches fruitières l'année suivante. Il faut aussi enlever l'extrémité du bourgeon de l'acot qui aura du fruit.

On obtient ainsi beaucoup de *bouquets de mai*, tous placés sur la charpente.

Si d'un de ces bouquets on voulait faire une branche à bois, il faudrait lui ôter son fruit et faire l'incision à la scie indiquée *figure* 4.

Mes arbres n'ont donc pas besoin de loques et d'attaches pour fixer les acots au mur ou au treillage.

DE LA VIGNE

Pour la vigne, le cordon est préférable à toutes les autres formes; les murs sont plus promptement garnis au moyen des palmettes, mais elles durent moins longtemps.

Pour obtenir les acots à la même distance les uns des autres et sur la partie supérieure des branches, si j'ai affaire à des cordons, ou de côté si j'ai affaire à des palmettes, je taille à la longueur de deux, trois ou quatre acots, selon la vigueur de la végétation, ce qui me donne un prolongement de 25, 30 ou 35 centimètres.

Je ne fais pas de choix pour l'œil qui doit me servir à prolonger mon cordon ou ma palmette; je le prends indifféremment dessus ou dessous, je préfère seulement celui qui doit redresser la branche.

Je prends la branche qui avoisine la flèche et je la palisse, horizontalement si j'ai aff ire à un cordon, verticalement si j'ai affaire à une palmette. Cette branche est toujours plate; les yeux sont placés, à peu de chose près, à la même distance les uns des autres, et j'obtiens ainsi une régularité parfaite.

Si cette première branche venait à me manquer ou qu'il lui arrivât quelque accident, je puis sans inconvénient la remplacer par la seconde.

Je taille ordinairement mes acots à un œil.

Quand la vigne a trois grappes au bourgeon, la troisième grappe se trouve à 27 centimètres de l'insertion du bourgeon ; on peut couper le bout de ce bourgeon aussi court que possible et sur le nœud même de la grappe, sans altérer ni la grappe ni le bourgeon. Grâce à cette méthode que je démontrai en 1833 et 1834, on obtient souvent deux récoltes.

Voici comment doivent s'établir les cordons.

Sur un mur de 2^m,25 de hauteur on place cinq cordons : le premier à 33 centimètres du sol, les suivants à 35 centim. l'un de l'autre. Cette hauteur est suffisante pour le palissage.

Les pieds de vigne doivent être plantés à 50 centimètres l'un de l'autre dans l'un des deux ordres indiqués dans la *fig.* 9, *Pl.* II, qui représente à la fois un modèle de Thomery ancienne, 1, 2, 3, 4, 5, et un modèle de Thomery à la Malo, 3, 1, 4, 2, 5. (Ces chiffres indiquent l'ordre de plantation d'après la ligne sur laquelle doit s'étendre le cordon.) Je conseille la Thomery à la Malo qui garnit mieux les murs.

Chaque cordon a 2^m,35 à parcourir.

Pour les contre-espaliers, il faut avoir des pieux de 1^m,50 qu'on enfonce en terre de 50 centimètres. On place ces pieux à 1^m,70 l'un de l'autre. Le premier cordon se place à 36 centimètres du sol, le second à 32 centimètres au-dessus du premier ; ce qui donne 16 centimètres entre chaque lien de treillage, distance suffisante pour le palissage. Les pieds de vigne sont plantés à 1^m,50 de distance, afin que chaque cordon ait 3 mètres à parcourir.

(Ces contre-espaliers peuvent servir pour des cordons de poiriers, pommiers, abricotiers, cerisiers, pruniers, d'une hauteur de 50 centimètres.)

La vigne doit être rajeunie tous les quinze ou vingt ans.

Qu'elle soit placée en contre-espalier ou le long d'un mur, voici comment je rajeunis la vigne.

Je découvre au mois de mars tous les pieds de vigne que je veux rabattre, à 10 ou 12 centimètres de profondeur et sur la première couronne de la racine; je les coupe avec une serpette ou une scie à main, et je les laisse à découvert jusqu'à ce que la séve ait fait sortir des bourgeons de 12 à 15 centimètres. Je choisis alors les meilleurs de ces bourgeons et je supprime tous les mauvais. Je recouvre alors mes pieds de vigne avec soin, et j'ai ainsi de jeunes scions et de jeunes racines, tandis que ceux qui rabattent la vigne à quelques centimètres au-dessus du sol n'ont que du jeune bois, mais non de jeunes racines.

On rajeunit la vigne le plus souvent en la couchant. Cette méthode, connue depuis longtemps, est assez difficile à pratiquer; mais le rajeunissement dure plus longtemps.

La greffe de la vigne est considérée par beaucoup de personnes comme impossible, à cause de la moelle qu'elle contient en grande quantité. Voici cependant un moyen de varier les espèces par la greffe, que je ne donne pas comme neuf, mais qui n'est pas assez connu.

On dégage les pieds de vigne que l'on veut greffer de 8 à 10 centimètres de profondeur ; on les coupe sur ce point au moyen d'une scie; ensuite on les fend, et dans la fente on introduit la greffe taillée en biseau comme toutes les greffes en fente, en ayant soin de laisser un œil au milieu du biseau. On lie fortement au moyen d'un osier, et on enduit de cire à greffer. L'œil laissé au milieu du biseau prend racine et procure à l'œil laissé hors terre une végétation très-vigoureuse.

Si le sujet est gros, la ligature devient inutile. Cette greffe peut aussi se faire hors de terre. J'ai ainsi greffé en 1847 un très-grand nombre

de pieds de vigne, chez M. Colombet, à Creteil.
Je l'avais vu faire dans les vignobles de Bourgogne
avec un très-grand succès, il y a de longues années.

C'est au mois de mars, avec des rameaux conservés en terre, que doit se faire l'opération.

Afin de faire mûrir plus vite le raisin, on a aussi
l'habitude d'effeuiller ; mais pour effeuiller sans
que la grappe ait à craindre les coups de soleil,
il faut avoir soin de n'enlever que les feuilles
de derrière ; on doit conserver celles de devant
qui servent d'ombrelles. En opérant cet effeuillage avec précision, le raisin mûrira huit jours
plus tôt ; les feuilles de derrière étant enlevées, la
réflexion de la chaleur par le mur hâte naturellement la maturité.

Cet effeuillage peut se faire aussitôt après la
floraison.

Pour lui donner de la couleur, je prends de l'eau
la plus froide possible. A neuf litres d'eau j'ajoute
un litre de vinaigre ; je prends un pinceau de
moyenne grosseur, et en frappant de ce pinceau
sur un bâton tenu de la main gauche, j'asperge
les grains d'une pluie très-fine de l'eau que j'ai
préparée. Ces gouttelettes, perlant sur le raisin
et séchant au soleil, donnent à la peau la couleur
jaune doré du raisin de Fontainebleau.

Cette opération doit se faire quand le raisin commence à mûrir et à l'ardeur d'un grand soleil.

Afin d'empêcher que les oiseaux ne mangent les raisins, il faut tendre des fils en travers et en long, à la distance de 11 à 12 centimètres les uns des autres; c'est le meilleur épouvantail. Les oiseaux s'y prennent les ailes et renoncent à venir s'y prendre une seconde fois. Dans le cas où l'on voudrait étendre des toiles devant les espaliers, on obtiendrait un résultat analogue; les toiles sont moins coûteuses que les sacs et peuvent servir au printemps à préserver les fleurs du pêcher des gelées tardives. Le même moyen peut servir du reste à tous les arbres à fruit en espalier ou à tige.

Pour conserver le raisin frais et longtemps, il faut avoir un local très-sec, situé le plus possible au nord, privé d'air et abrité de la gelée. On y étend des perches, des cerceaux ou des ficelles, et on y suspend les grappes de raisin au moyen de fils de fer, préférablement à toute autre suspension. Le fil de fer choisi doit être du n° 7 ou 8; les brins, d'une longueur de 15 à 16 centimètres de longueur, devront être recourbés en S.

On réussit très-souvent aussi avec la méthode suivante, qui consiste à remplir un tonneau alternativement d'un lit de sciure de bois séchée au four et d'un lit de raisin. On ferme le tonneau hermétiquement, et on le laisse dans le lieu susindiqué.

On peut encore conserver le raisin dans des boîtes de bois ou de fer-blanc hermétiquement fermées. Ces boîtes doivent être longues et de la hauteur seulement de deux lits de raisin, sans sciure ni autre chose. Une fois fermées, on les enterre dans une cave, à la profondeur de 30 à 35 centimètres. On a ainsi du raisin très-frais jusqu'à la fin d'avril.

Je conservai par l'une et l'autre de ces trois méthodes mille à douze cents kilogrammes de raisin dans les années 1825, 1826 et 1827.

Pour obtenir des grappes rondes et de gros grains, il faut après la floraison supprimer l'extrémité de chaque grappe. Par ce moyen, le bout de la grappe, qui est ordinairement couvert de petits grains qui mûrissent difficilement, se trouve en rapport avec le reste.

Dans le cas, trop fréquent depuis quelques années, de maladie de la vigne, la fleur de soufre est la seule chose qu'on doive employer avec espérance de succès. Il faut soufrer deux ou trois fois, La première à la fin de juin et dans le courant de juillet, les suivantes à quinze et vingt jours de distance.

Cette opération doit se faire par un temps sec.

L'instrument le plus commode est *la botte à houppe.*

DE L'ABRICOTIER

L'abricotier se taille de préférence en automne; on empêche ainsi le mal que peut produire le froid.

Les opérations pour la conduite des branches sont les mêmes que pour le poirier.

DU FIGUIER

Pour avoir de belles figues, il faut enterrer les figuiers, et non les entourer de paille, comme on le fait ordinairement. On fait cette opération avant les premières gelées, et on ne doit tailler l'arbre qu'à la fin de mars ou au commencement d'avril. Si, passé cette époque, on voyait une gelée s'annoncer, il suffirait alors d'avoir recours à la paille.

On doit pincer les figuiers dans la première quinzaine de mai, c'est-à-dire casser l'extrémité des branches et des rameaux.

Cette opération doit se répéter à la fin du mois d'août, afin de préparer des rameaux pour l'année suivante.

CULTURE DU FRAMBOISIER ET DU GROSEILLIER

Le framboisier est un arbuste très-rustique et très-généreux ; aussi lui tient-on compte de ses bonnes qualités pour le négliger tout à fait.

Pour avoir de beaux framboisiers et par conséquent de belles framboises, voici comme j'établis mes plantations.

Dans un carré désigné et autant que possible au nord, parce qu'au midi la framboise prend trop vite le ver, je trace les rangs que j'ai à planter à un mètre les uns des autres ; sur chacun de ces rangs je fais un défonçage de 60 centimètres de largeur sur 50 centimètres de profondeur, si le sous-sol n'est pas tuffeux.

Ce défonçage fait, je fume assez convenablement mes tranchées et je plante mes framboisiers à un mètre de distance, de sorte qu'ils forment le quinconce ou l'échiquier.

Je plante ensuite trois drageons ensemble, c'est-à-dire en pieds de marmite, de façon à former une belle touffe la première année. Le carré se trouve en plein rapport la deuxième et la troisième année, comme s'il avait cinq à six ans de plantation par les méthodes ordinaires.

La première année, je taille mes jeunes plants à 6 ou 10 centimètres du sol pour les faire ramifier, la deuxième année je les taille à 30 centimètres, la troisième année et les suivantes à 45 ou 50 centimètres.

Il faut toujours choisir les plus beaux brins et ôter les plus petits rejetons, qui sont nuisibles.

On peut encore palisser les framboisiers le long des murs du nord où ils produiront de très-beaux fruits.

On doit préférer, pour le produit, le framboisier des quatre saisons à toute autre espèce.

Le groseillier, comme le framboisier, s'accommode de tous les terrains. On le plante dans les mêmes conditions et aux mêmes distances ; il se soumet à toutes les formes. On peut le mettre en cépée, en vase, en pyramide, en espalier pour garnir les murs du nord, en contre-espalier, en tige et en demi-tige.

Pour le traiter d'après ces deux dernières méthodes, il faut avoir soin d'éborgner tous les yeux de la partie que l'on enterre, afin d'avoir des tiges nettes et sans aucun rejeton.

Je connais une avenue de groseilliers à tiges qui ont quatre à cinq pieds de hauteur et dont la tige a 10 à 12 centimètres de circonférence,

Il faut dix à douze ans pour avoir de pareils sujets.

Un carré de groseilliers n'est en plein rapport que la cinquième ou sixième année après sa plantation.

CONSERVATION DES FRAMBOISES

J'ajouterai ici un moyen pour conserver les framboises.

Il faut simplement prendre un vase rempli d'eau-de-vie, et à mesure que l'on cueille chaque framboise, la jeter dans ce vase. Elles peuvent se conserver ainsi intactes pendant toute une année sans s'imprégner sensiblement du goût de l'eau-de-vie.

ÉTABLISSEMENT D'UN FRUITIER

Pour l'établissement d'un fruitier, ce ne sont pas les plans qui ont manqué jusqu'à ce jour. Il y en a de très-beaux et de très-bien faits. Ils n'ont peut-être que les deux petits défauts suivants : ils sont très-dispendieux à établir, et le fruit ne s'y conserve presque pas.

Les conditions nécessaires pour la conservation des fruits sont celles-ci :

Une température toujours égale à 1 ou 2 degrés près ; pas d'humidité.

Ainsi il faut un endroit sec, dans lequel on ne fera entrer de courants d'air que rarement, où la gelée ne pourra pénétrer, où il n'y aura pas besoin de faire du feu pour la combattre ; et toutes ces différentes qualités peuvent se trouver, mieux et plus facilement que partout ailleurs, dans une cave ou un cellier en terre, enfoncé de sept à huit marches au plus si le terrain n'est pas humide.

En effet, dans les temps où il gèle à 12 degrés, le thermomètre marque dans ma cave ou dans mon cellier 5 degrés au-dessus de zéro ; dans le temps où la chaleur est de 35 degrés à l'extérieur, elle est de 7 degrés à ma cave. La température est donc égale ; et je le répète, si ma cave n'est pas humide, j'ai réalisé sans frais l'idéal d'un bon fruitier.

Si, comme beaucoup de personnes, j'avais établi mon fruitier au grenier, il m'aurait fallu faire du feu en hiver, donner des courants d'air en été, et j'aurais obtenu fort vite des fruits ridés, passés, et qu'il est impossible de présenter.

Je crois donc qu'il est bon de s'arrêter au système simple que j'ai indiqué, parce que, quoique étant le plus simple, il est encore le meilleur et le moins coûteux qu'on ait proposé.

DE LA CUEILLETTE DES FRUITS

Le moment auquel on doit cueillir un fruit est marqué par les faits suivants. Il se produit à l'extrémité du pédoncule (ou queue) un bourrelet qui grossit à mesure que le fruit approche de sa maturité. De son côté, la bourse (A *fig*. 3, *Pl*. I) grossit et devient pointue à l'extrémité où se place le fruit (B, B, *même fig*.). La bourse et le pédoncule tendent à se quitter ; l'effet produit est semblable à celui qui résulterait de l'insertion entre eux d'un fil de soie qui les détacherait peu à peu l'un de l'autre. Le fruit est alors bon à cueillir : plus tard il tomberait lui-même, plus tôt il présenterait de la résistance à la main.

Les fruits d'été et d'automne se cueillent sept ou huit jours avant leur maturité ; ils acquièrent dans les fruitiers une qualité supérieure.

On peut faire deux cueillettes et il en résulte l'avantage suivant : on enlève la première fois les fruits les plus gros et les plus avancés ; on laisse les plus petits sur l'arbre, ils grossissent et deviennent meilleurs.

Les fruits d'hiver se cueillent du 1er au 20 octobre. Plus tard, on risquerait d'avoir des gelées.

On peut faire pour les fruits d'hiver deux cueillettes, comme pour ceux d'été et ceux d'automne.

Le fruit se cueille par un beau temps. Il faut avoir soin de ne pas le froisser dans l'opération de la cueille, comme dans celle de sa rentrée au fruitier.

On doit laisser le fruitier ouvert pendant sept ou huit jours pour que les fruits ressuent et que

l'odeur produite par leur transpiration soit éva-
porée. Cette odeur passée, on doit les priver d'air.

Un autre signe de maturité des fruits, c'est la
chute naturelle de ceux qui sont piqués par les
vers.

La peau peut encore servir d'indice, elle est,
lorsque le fruit est arrivé à sa maturité, d'une
teinte jaune, lisse, très-fine, et semble glacée et
transparente.

Pour les fruits qui ont été rentrés au fruitier,
quand on veut savoir s'ils sont assez mûrs, il ne
faut pas les tâter aux flancs, on arrive à faire des
meurtrissures indélébiles ; il ne faut qu'appuyer
très-légèrement le pouce près de la queue. C'est
la dernière partie qui mûrit, et une meurtrissure
à cet endroit n'endommage que fort légèrement
le fruit. La chair doit céder sous la pression. Du
reste, on ne doit que rarement, avec un peu d'habitude, avoir besoin de toucher un fruit plusieurs
fois.

Si par hasard quelques fruits se ridaient, il
suffit, pour les mettre dans l'état où ils étaient au
moment de la cueillette, de les envelopper de
mousse bien mouillée et de les descendre pour
quelques jours à la cave.

AVIS A MM. LES PÉPINIÉRISTES

C'est avec peine que je vois dans les pépinières et dans les marchés des arbres dépourvus de branches à la base, ce qui leur retire la moitié de leur valeur et retarde leur production ; si ces arbres avaient été traités comme je l'indique, ils ne seraient pas ainsi dénudés et revaudraient bien au pépiniériste le peu de peine qu'il aurait prise à les former.

Cette méthode du reste est très-simple.

Il s'agit seulement, après que l'arbre a été rabattu à la hauteur de 40, 50, à 60 centimètres, d'éborgner les quatre ou cinq yeux voisins de l'œil terminal : la séve est ainsi refoulée, et les yeux de la base se développent. Les yeux éborgnés se développent ensuite plus minces et en proportion avec le reste, grâce aux yeux stipulaires de leur base qui prennent à leur tour l'accroissement qui leur est nécessaire. Si ces yeux ne se développaient pas, il faudrait recourir à l'incision indiquée *fig.* 4.

DU CAMÉLIA

C'est avec plaisir que je vois ce bel arbuste occuper tous les jours une place plus large dans les cultures ; mais c'est avec peine que je n'aperçois aucun progrès dans l'art de le perfectionner, de façon à le mettre en rapport avec les richesses de nos serres et de nos jardins d'hiver.

Ces arbustes en effet sont en grande partie dépourvus de leurs branches inférieures, et sont mal ramifiés, ce qui est loin de flatter l'œil des amateurs.

En 1844, au château de Villeneuve-Saint-Georges, j'avais de très-gros camélias très-mal faits et annonçant une prochaine décrépitude ; je les rabattis sur toutes les branches, comme j'eusse rabattu des poiriers, je pratiquai les incisions indiquées ci-dessus comme pour les arbres à fruit, et j'obtins les mêmes résultats. Mes arbres se couvrirent de nouvelles branches bien placées, et purent rivaliser avec les plus beaux spécimens connus.

Les incisions, du reste, peuvent se faire sans inconvénient sur un très-grand nombre d'autres arbres, parmi lesquels je ne citerai que l'oranger.

DES ASPERGES

Quoique ceci soit tout à fait en dehors de mon sujet, je vais dire quelques mots de cette culture, qui me paraît en retard dans beaucoup d'endroits,

Voici comment je procède :

J'établis mes fosses dans un des carrés les plus hâtifs du potager, je les fais sur une largeur de 1^m,30 et sur une profondeur de 40 à 45 centimètres. Si le sol est humide et sans pente pour l'écoulement des eaux, j'établis une pierrée de 8 à 10 centimètres pour faciliter cet écoulement.

J'établis cette pierrée ou des tuyaux de drainage dans le sol humide lors même qu'il aurait une pente, l'humidité nuisant plus que toute autre chose à la précocité des asperges; ce moyen est préférable aux fascines et aux fagots de bois, bientôt pourris que l'on emploie dans beaucoup d'endroits au même usage.

Quand le sol est léger sans être humide, ma

pierrée a besoin d'être recouverte de paille, pour éviter que la terre ne s'infiltre dans les pierres.

Ce premier travail fait, je mets une couche de terre de 3 à 4 centimètres que je nivelle bien, je la recouvre d'une couche de fumier d'une épaisseur de 8 à 10 centimètres que je nivelle de même le mieux possible.

Je recouvre ensuite de 3 à 4 centimètres de bonne terre préparée d'avance. Si elle était humide et compacte, je la mélangerais avec du terreau ou du sable jaune, ou de la vase de pièce d'eau bien séchée; le terreau, du reste, est préférable. Ce n'est que si le sol était déjà sableux qu'on devrait préférer la vase.

Ces quatre terres, mêlées ensemble et par quart, constituent du reste le meilleur terrain pour cette culture.

La terre mise sur le fumier, je la nivelle, et je trace trois rangs dans ma largeur, deux de chaque côté, à 20 ou 25 centimètres des rives, un au milieu des deux premiers dont il est alors distant de 40 à 45 centimètres, distance suffisante.

Il faut maintenant planter les griffes. Elles doivent être rangées en échiquier, à 60 centimètres les unes des autres. Dans une fosse de 10 mètres de longueur, il tiendra donc 47 griffes. On indique leur place au moyen d'une fiche, et à chacune de ces fiches on élève un monticule de 3 centimètres de hauteur, sur lequel on place la griffe avec soin, en étalant bien les racines autour du sommet.

Les griffes placées, on les recouvre de 6 à 7 centimètres de bonne terre, préparée comme je l'ai dit plus haut.

Tout ceci doit se faire aux mois de mars et d'avril quand la saison est bonne.

On doit préférer le plant de deux à trois ans, s'il est gros, à celui d'un an. S'il n'était pas plus gros que celui d'un an, il faudrait préférer encore celui de deux ans, parce que l'œil est toujours plus gros; il faut ici comme toujours se rappeler la règle : le bon plant fait la bonne plantation.

Chaque fosse tracée doit avoir 1^m,30 de largeur et être séparée de la voisine par un chemin de 1^m,20 pour déposer les terres.

Les fosses établies, il faut les recharger tous les ans de 3 ou 4 centimètres de bonne terre meuble.

Ce n'est pas tout encore. Les asperges demandent les soins les plus assidus. Il ne faut économiser ni les binages ni les sarclages. On ne doit pas semer ni planter d'autres légumes dans les fosses; on ne doit pas labourer avec la bêche, qui coupe les racines et décolle les yeux.

Maintenant, tous les ans, à l'automne, après le desséchement des hampes, ou tiges, il faut faire l'opération suivante, que je nomme *curage*.

On coupera toutes les hampes à 7 ou 8 centimètres du sol, pour indiquer l'endroit où l'on doit les retrouver, puis avec une pelle de fer ou tout autre outil du même genre, pour ne rien endommager, on enlèvera 7 ou 8 centimètres de la terre qui recouvre les griffes, on la déposera sur le bord des fosses, on en laissera autant pour les garantir des rigueurs de l'hiver (les asperges ne doivent être couvertes que de 16 à 18 centimètres de terre pour être belles et hâtives).

On ne recouvrira pas les asperges avant le mois de mars ou avril, et encore faudra-t-il s'assurer qu'elles sont alors en végétation; il ne faudrait pas les recouvrir avant.

Pour faire ce recouvrement, on donnera un labour au trident, on fumera avec du fumier bien consommé, et on recouvrira avec la terre mise de côté dans l'opération faite à l'automne, que je viens d'indiquer tout à l'heure.

Ces divers travaux doivent se faire tous les ans, aux mêmes époques.

On ne doit couper les asperges que la troisième ou quatrième année qui suit la plantation. Il faut alors en laisser au moins la moitié à chaque pied, pour faire grossir les griffes. Les années suivantes, il ne faut rien laisser.

On ne doit pas couper de hampes d'asperge pendant la végétation, cela empêche la griffe de grossir.

On doit cesser de couper les asperges du 15

au 20 juin, afin de leur laisser la facilité de reformer leurs griffes pour l'année suivante.

Deux autres modes de plantation peuvent encore être employés : le premier consiste à faire des tranchées de 60 à 70 centimètres de largeur sur 35 de profondeur, dans lesquelles on plante deux rangs d'asperges ; on conserve un chemin de 60 centimètres entre chaque tranchée pour déposer les terres.

Le second consiste à faire des trous de 50 centimètres de côté et de 30 centimètres de profondeur, qu'on remplit de bonne terre et de fumier ou de terre mélangée de terreau. On plante à 6 ou 7 centimètres de profondeur et plus tard on met en butte. Ce mode de plantation est très-productif.

Des plants d'asperges bien soignés peuvent durer de trente-cinq à quarante ans. On ne doit niveler les fosses que dix à douze ans après la plantation.

QUELQUES GÉNÉRALITÉS

Toutes les plantations exigent un entretien bien suivi pour que le succès soit assuré. Parmi les précautions à prendre, se trouve le paillage. Le paillage doit se faire sur une épaisseur de 3 à 5 centimètres, pour assurer la reprise des arbres et recevoir les arrosages que l'on doit faire pendant les sécheresses de l'été. On entoure l'arbre à une distance de 25 à 30 centimètres autour du pied; mais la plate-bande tout entière serait paillée que cela n'en vaudrait que mieux.

—

Quand on reçoit les arbres venant de la pépinière par une forte gelée, il faut les déposer dans un lieu où ils ne gèlent pas, afin que les racines reviennent à leur état primitif. Avant de planter, il faut alors faire tremper les racines dans l'eau pendant quelques heures, afin de les dérider.

———

D'après les nombreuses expériences que j'ai pu faire, j'ai remarqué que les arbres n'aiment pas à être souvent coupés, ni à avoir de grandes plaies. C'est en partie la cause qui m'a fait adopter le système des petites branches.

———

Un pincement trop souvent réitéré use les arbres et altère la fructification. Dans ma méthode l'on ne pince souvent qu'une fois les poiriers et les pommiers, et deux fois les pêchers. Ces pincements sont suffisants et très-utiles : plus, il y a mal ; moins, il n'y a pas de bien produit. Des milliers d'arbres que j'ai soumis à ma méthode depuis bien des années n'annoncent jusqu'ici aucune décrépitude.

———

Il est très-urgent, au mois d'avril, de supprimer

l'extrémité de tout bourgeon qui annoncerait par son trop de vigueur devoir être par la suite grosse branche ou gourmand. Cette suppression, qui doit se faire quand ces bourgeons ont atteint une longueur de 2 à 3 centimètres, est applicable à tous les arbres fruitiers en général.

On a parlé, comme d'une nouveauté, de greffes faites sur des racines; j'ai vu, de 1812 à 1813, mon frère aîné faire l'opération suivante, dont il n'était pas l'inventeur. Il coupa trois racines à un arbre rebelle pour le faire fructifier; il souleva ces racines de terre, et les soutint ainsi avec un pieu; au printemps il posa une greffe sur chacune de ces racines ; la greffe prit très-bien, il arracha ces racines l'année suivante et les replanta. Les arbres qui en provinrent durèrent bien des années.

POUR DÉTRUIRE LES LICHENS ET INSECTES

Les arbres attaqués par les mousses, les lichens et les insectes (le kermès, par exemple), doivent être badigeonnés avec la composition suivante :

5 litres d'eau ;
2 kilos de chaux vive ;
1 kilo de mine de plomb ;
1/2 litre d'esprit de sel.

On fait dissoudre la mine de plomb dans l'esprit de sel et l'on mêle avec l'eau de chaux.

On ajoute un demi-litre d'essence de térébenthine.

Un kilo de poudre de charbon bien broyé donne à cette composition une teinte grise qui est moins désagréable à l'œil qu'un badigeonnage blanc.

DE QUELQUES PRÉJUGÉS

Beaucoup de personnes craignent de *tailler au mois de novembre*, disant que la gelée perdra l'œil et gèlera la coupe ; je conseille d'en faire l'essai sur quelques arbres et l'on verra que l'on ne s'en trouvera pas plus mal que je ne m'en suis trouvé moi-même.

Mettre de la cire sur la taille des orangers, des rosiers et d'autres plantes, est un mauvais procédé, en ce qu'il empêche la plaie de se recouvrir.

Ne pas couper en biseau et près de l'œil, de peur de l'éventer, suite de l'ignorance des effets de l'opération.

Couper les racines des arbres pour arrêter la séve et avoir des fruits, c'est ignorer la taille. J'ai indiqué comment on pouvait réduire les canaux séveux et forcer l'arbre par la taille à donner des fruits.

Refuser de se servir du sécateur. J'ai démontré, à ce que je crois, l'utilité et la commodité de cet instrument; le nier, c'est ne pas savoir qu'il réunit la facilité, la promptitude et la propreté. La serpette est bonne pour rafraîchir quelques plaies faites avec la scie, et pour couper les grosses branches que le sécateur ne peut couper.

Quoi que l'on en dise, *toutes les variétés de poiriers peuvent être mises en pyramides;* le pommier, le cerisier, le prunier, se soumettent à cette forme lorsqu'ils sont bien conduits.

OBSERVATIONS SUR QUELQUES BONNES ANNÉES

Depuis que j'observe, j'ai remarqué qu'un automne sec a toujours donné un printemps hâtif et une bonne récolte; j'en citerai comme exemple les années suivantes que j'ai été à même d'examiner :

1810. Automne sec. — Hiver de 1811 doux, printemps hâtif, récolte abondante.

1821. Automne sec, printemps hâtif; on vendange en Bourgogne du 15 au 20 août 1822.

1824. Automne sec. — 1825. Année abondante.

1827. Automne sec. — 1828. Récolte abondante, surtout en vins.

1833. Automne sec; l'hiver se passe sans une seule gelée; les abricotiers et les amandiers sont en fleurs à la fin de janvier 1834, et la récolte est magnifique sous tous les rapports.

1845. Donne en 1846 du vin en quantité et de qualité supérieure.

Je ne remonte naturellement pas au delà des années que je n'ai pu voir par moi-même ; mais en examinant, d'après ce que j'ai dit, quel a été l'automne de 1857, on peut espérer pour 1858 un résultat satisfaisant.

TABLEAUX PAR ORDRE DE MATURITÉ DES PRINCIPALES ESPÉCES D'ARBRES A FRUIT

Je vois paraître tous les jours dans le commerce de nouvelles poires qui méritent la réputation qu'on leur fait ; j'ai étudié ces nouvelles poires, et je crois que les anciennes auront fort à faire pour conserver leur réputation. La Virgouleuse, la Royale d'hiver, le Saint-Germain, la Crassane, qui devient pierreuse et se casse, le Doyenné d'hiver, qui mûrit avec peine, ne seront pas oubliés de sitôt ; mais on cultivera à côté d'elles bien d'autres fruits que nos pères ne connaissaient pas et qui valent mieux. C'est pour aider à la composition des potagers et au plaisir des amateurs que j'ai donné ici le tableau des meilleures espèces de poires et des époques de leur maturité.

J'y ai ajouté, pour compléter, autant qu'il a été en moi, les renseignements que je crois utiles au public, un travail analogue sur les abricotiers,

amandiers, brugnons, cerisiers, pommiers, pêchers et pruniers,

POIRIERS

Blanquette petite.	*Fin de Juin.*
Muscat-Robert (Saint-Jean).	»
Beurré Giffard.	»
Doyenné d'été ou de juillet.	*Mi-Juillet.*
Grosse Blanquette.	*Juillet.*
Citron-des-Carmes (Madeleine).	»
Amiré-Johannet.	»
Salviati.	*Août.*
Rousselet de Stuttgard (petite).	»
Malconnaitre.	»
Poire-Pêche	»
Suprême de Quimper.	»
Doyenné de Saumur.	»
Dame verte.	»
Albertine.	»
Bergamote ou Belle d'août.	»
Beurré de Beaumont.	»
Beurré milan blanc.	»
Beurré Goubault.	»
Calebasse d'été.	»
Epargne.	»
Beau-Présent.	»
De Coq.	»
Duchesse-de-Berg.	»
Pastorale ou Musette.	»

Simon-Bouvier.	*Fin d'Août.*
William musquée.	»
Golcondi nova.	»
Rousselet de Reims musquée.	*Septembre.*
Souvenir-d'Eté.	»
Vergaline musquée.	»
Frédéric-de-Wurtemberg.	»
Poire fondante.	»
Poire d'oignon.	»
Saint-Denis d'Angers.	»
Saint-Nicolas.	»
Omer-Pacha.	»
Reine-des-Belges.	»
Beurré Odinot.	»
Beau-Présent d'Artois.	»
Ananas.	»
Poire d'Angleterre.	»
Bergamote.	»
Bergamote Picquot.	»
Beurré d'Amanlis.	»
Beurré d'Amanlis panaché.	»
Beurré de Montgeron.	»
Beurré des vignes.	»
Beurré superfin.	»
Bon-Chrétien de Bruxelles.	»
Bon-Chrétien d'été.	»
Bonne d'Ezée.	»
Colmar poire d'abondance.	»
Comte-de-Flandre.	»
Cornélis-Bivort.	»
Doyenné Boussoch.	»
Louise-bonne d'Avranches.	»
Fondante de Brest.	»
Pie IX.	»
Gloire-de-Cambronne.	*Octobre.*
Nectarine.	»
Saint-Michel-Archange.	»

Beurré Curtel.	*Octobre.*
Beurré d'Albret.	»
Beurré des Charneuses ou Duc-de-Brabant.	»
Beurré du Mortier.	»
Beurré du Verny.	»
Beurré Fleur-de-Neige.	»
Beurré doré d'Ambroise.	»
Beurré Hardy.	»
Beurré nouveau Poiteau.	»
Comte-de-Paris.	»
Belle de Flandre.	»
Adèle de Saint-Denis.	»
Bergamote lucrative.	»
Bergamote verte-longue.	»
Amirale, arbre courbé.	»
Beurré Auguste-Benoît.	»
Souvenir-du-Printemps.	»
Thompson.	»
Doyenné gris ou roux.	*Novembre.*
Duchesse-d'Angoulême.	»
Fondante du comice d'Angers.	»
Henri-Chaperon.	»
Jules-Bivort.	»
Laure-de-Glymes.	»
Marie-Louise-Delcourt.	»
Messire-Jean.	»
Beurré Napoléon.	»
Beurré Piquery.	»
Colmar d'Aremberg.	»
De Lamartine.	»
De Spoëlberg, poire de Mons.	»
Belle-Epine-Dumas.	»
Beurré Capiaumont.	»
Besi de Lamotte.	»
Bergamote de Nemours.	»
Beurré Baronne-de-Mello.	»
Beurré Bosc.	»

Beurré Clairgeau.	*Novembre.*
Van-Mons-Léon-Leclerc.	»
Villermoz.	»
Doyenné Defais.	*Décembre.*
Doyenné du Comice.	»
Hacon's incomparable.	»
Monseigneur-Affre.	»
Pater-Noster.	»
Princesse-Charlotte.	»
Retour-de-Rome.	»
Soldat-Laboureur.	»
Beurré magnifique.	»
Délice-de-Charles.	»
Délice d'Hardenpont.	»
Archiduc-Charles.	»
Poire de curé.	»
Crassane.	»
Bési de Goubault.	»
Beurré Bachelier.	»
Beurré Berkmans.	»
Triomphe-de-Jodoigne.	»
Alexandre-Bivort.	*Janvier.*
Crassane d'hiver ou Beurré Bruneau.	»
Bergamote Gaudry.	»
Bergamote Lafais.	»
Bési des vétérans.	»
Bési sans pareil.	»
Beurré Bretonneau.	»
Beurré bronzé.	»
Beurré d'Aremberg.	»
Beurré Defais.	»
Beurré d'Alfasse.	»
Beurré de Malines.	»
Beurré Sterkmans.	»
Beurré Langelier.	»
Beurré Milet.	»
Beurré Passe-Colmar.	»

Bon-Gustave.	*Janvier.*
Bonne-après-Noël.	»
Bourgmestre (Bouvier).	»
Broom-Park.	»
Colmar d'hiver.	»
Columbia.	»
Conseiller-de-la-cour.	»
Duchesse-de-Mars.	»
Dumont-du-Mortier.	»
Henri-Bivort.	»
Henri-Nicaise.	»
Léopold Iᵉʳ	»
Messire-Jean-Rond.	»
Saint-Jean-Baptiste.	»
Bési d'Echasserie.	»
Beurré nouveau.	»
Désiré-Parmentier.	»
Ambrette.	»
Epine d'hiver.	»
Napoléon d'hiver.	»
Né plus meuris.	»
Parfum d'hiver.	»
Plougastel.	»
Beurré citron.	*Février.*
Mignonne d'hiver.	»
Orpheline d'Enghien.	»
Shobden court.	»
Prince-Albert.	»
Beurré gris d'hiver ou de Luçon.	»
Docteur-Bouvier.	»
Doyenné d'Alençon.	»
Alexandre-Lambré.	»
Beurré Bennert.	»
Bési tardif de Goubault.	»
Van-Mons-Léon-Leclerc de Laval.	*Mars.*
Zéphirin-Grégoire.	»
Saint-Germain d'hiver.	»
Nouveau Simon-Bouvier.	*Avril.*

Elisa d'Heyst, belle Caennaise.	*Août.*
Muscat Lallemant.	*Fin d'hiver.*
Bergamote Espéren.	»
Bergamote fortunée.	»
Louise de Boulogne.	»
Beurré Rance ou Noirchain.	*Printemps.*
Tarquin des Pyrénées.	»
Passe tardive.	»
Joséphine de Malines.	»

POMMIERS

Api d'été.	*Fin de Juillet.*
Borovitsky (gros).	»
Pomme de Madeleine (gros).	»
Saint-Jean-Royal (hâtive).	»
Pomme de Jérusalem, (Pigeon d'été.)	*Août.*
Early-Harvest.	»
Blanche précoce.	»
Belle-Fleur (gros).	*Septembre*
De Lanterne (gros).	»
Rambourg d'été.	»
Jacques-le-Bel.	*Fin de Septembre.*
Grand-Alexandre.	*Octobre.*
Américain-sans-pareil.	»
Gros-Papa.	*Novembre.*
Belle-du-Bois (très-gros).	»
Sarmière de Bourgogne.	»

Alexandre.	*Décembre.*
Ribston-Pippin.	»
Pomme-Cloche.	»
— glacée.	»
De Jauné (gros).	»
Roi-de-Rome.	*Janvier*
Hawthornden.	»
Lineous-Pippin.	»
Blenheim-Pippin orange	*Février.*
Reinette d'Angleterre.	»
Belle d'Angers,	»
Barbarie.	*Mars.*
Bedfordshire-Foundlling.	»
Canada gris.	»
Greave-Pippin.	*Avril.*
Newtown.	»
Victoria.	*Mai.*
Calville des femmes de lettres.	»
Api (gros).	*Hiver.*
Belle d'Esquermes.	»
Belle-Joséphine.	»
Cadeau-du-Général (très-gros.)	»
Calville de Saint-Sauveur.	»
Calville rouge d'Anjou.	»
Cossonnet.	»
Court-pendu.	»
De Boutigny.	»
De Châtaignier.	»
De Franges.	»
De Sarreguemines.	»
Dutch mignonne.	»
Impériale.	»
Ostogatte, Doux d'argent.	»
Pigeon d'hiver.	»
Reinette de Hollande.	»
Reinette dorée.	»
Reinette grise.	»

Reine des reinettes.	*Hiver.*
Roi d'Angleterre.	»
Delande, fin d'hiver.	»
Brabant belle fleur.	*Printemps.*
Calville blanc.	»
Fenouillet gris.	»
Reinette de Gaux.	»
Reinette de Granville.	»
Reinette du Vigan.	»
Reinette franche à côtes.	»
Petite reinette de haute bonté.	»
Reinette très-tardive.	»
Gooseberry.	»

PRUNIERS

Reine-Claude hâtive de Bavay, retrouvée par M. Eugène Vavin.	*Mi-Juillet.*
Musquée de Malte.	»
Favorite hâtive de Rivers.	*Juillet*
De Montfort.	»
Pêche-prune surpasse Monsieur.	»
Monsieur petit hâtif.	*Fin de Juillet,*
Draps-d'Or d'Esperen.	*Mi-Août.*
Lawrence-Gage.	*Août.*
Mirabelle grosse de Metz.	»
Mirabelle petite.	»
Monsieur jaune.	»
Reine-Claude dorée.	»

Reine-Doullens.   *Août.*
Monsieur gros hâtif.   »
Bleue de Belgique.   »
Impériale-Ottomane.   »
Diaprée rouge.   *Fin d'Août.*
Jefferson.   »
Reine-Claude d'Angoulême.   »
Reine-Claude transparente.   »
De deux fois l'an.   *Juillet et Septembre.*
Impériale de Nitan.   »
Impératrice au diadème.   »
Kirke's, très-bonne.   »
Knight's Green Drying.   »
Martin Couestche.   »
Reine - Claude de Bavay.   »
Reine-Claude rouge de Van Mons, Rena nova.   »
Reine-Claude violette   »
Reine-Claude de Russie.   »
Coe's-Golden-Drop (très-gros).   *Novembre.*

PRUNES POUR PRUNEAUX

Cornemuse, 1re qualité pour pruneaux.   *Mi-Septembre.*
Hervy, 1re qualité pour pruneaux.   *Septembre.*
De Jérusalem, 1re qualité pour pruneaux.   »
D'Agen, 1re qualité pour pruneaux.   »
Couetsche d'Allemagne.   »
Dame-Aubert.   »
Fellemberg-Couetsche d'Italie.   »

Pond's-Seedling (la plus grosse des prunes). *Septembre.*
Damas de Tours. »
Gros Blanc. »

CERISIERS

Indulee précoce. *Mi-Mai.*
Bigarreau de Tartarie. *Fin de Mai.*
Guigne à gros fruit noir, hâtive. »
Mayduke. »
Impératrice-Eugénie. *Commencement de Juin·*
Bigarreau tardif de Baulbon. *Mi-Juin.*
Bigarreau-Napoléon. »
Guigne ordinaire à fruit noir. *Juin.*
Anglaise hâtive. »
Belle de Choisy. »
Bigarreau à gros fruit blanc. »
Bigarreau de Florence. »
Bigarreau de Mezel. »
Guigne Guindol. »
Guigne blanche. »
Montmorency de Bourgeuil. *Juillet.*
Montmorency à longue queue. »
Montmorency à courte queue. »
Elton. »
Griotte douce du Portugal. »
Griotte noire de Lyon. »
Cerise de Planchory. »
Reine-Hortense (grosse). »
Downton. »

De Spa, Dona-Maria.	*Juillet.*
Cherry-Duke, Royale.	»
Bigarreau-Esperen.	»
Belle de Sceaux.	»
Belle Adigoise.	»
Aigle-Noire.	»
Admirable de Soissons.	*Mi-Juillet.*
Anglaise tardive.	»

PÊCHERS.

Avent, pêche blanche, la plus précoce.	*Juillet.*
Petite Mignonne hâtive.	»
A bec.	»
Précoce des Chartreux.	»
Noblesse (grosse).	*Mi-Août.*
Prompte hâtive.	»
Mignonne ordinaire à gros fruit.	*Août.*
Mignonne hâtive à gros fruit.	»
Noblesse-Seedling-Rivers (gros).	»
Nivette veloutée.	*Fin d'Août.*
Madeleine-de-Courson.	»
Belle-Bausse.	*Mi-Septembre.*
Malte-Belle de Paris.	»
Bon-Ouvrier.	»
Belle de Vitry.	»
Chevreuse tardive.	*Septembre.*
Déesse grosse tardive.	»
Galande ou Noire de Montreuil.	»

Pucelle-de-Malines.	*Septembre.*
Reine des vergers.	»
Vineuse de Fromentin.	»
Monstrueuse de Douai.	»
Bourdine.	*Fin de Septembre.*
Teton-de-Vénus	*Octobre.*
Admirable jaune.	»
Léopold Ier.	»

BRUGNONS

Downton.	*Mi-Août.*
Brugnon-Elruge.	*Fin d'Août.*
Hardwicke - Seedling.	»
Newington-Early.	»
Pitmaston orange.	»
Violette hâtive.	»
Grosse violette, pêche lisse.	*Septembre.*
Violette musquée.	»
Stanvick, le meilleur des brugnons.	*Fin de Septembre.*

ABRICOTIERS

Abbergo de Montgamet.	*Fin de Juillet.*

Gros blanc ordinaire.   *Mi-Août.*
Royal (gros).   »
Jacques (gros).   »
Pourret (gros).   »
Vard (gros).   *Août.*
De Versailles.   »
Gros commun.   »
D'Alexandrie (gros).   »
Pêche de Nancy (gros).   *Fin d'Août.*
Moor-Park (gros).   »
Beaugè.   *Septembre.*

AMANDIERS

A la Princesse, coque tendre.   *Septembre.*
Ordinaire à la coque dure.   »
Ordinaire (très-gros), fruit plat.   »
Pêche ou pulpe.   »

REMARQUE SUR LES PLANCHES 4, 5, 6, 7, 8, 9, 10, 12, 13 ET 14

Afin de mieux prouver aux lecteurs les effets de la méthode que je propose, j'ai joint ici plusieurs planches, qui représentent, ainsi qu'on a déjà pu le voir dans les explications qui ont précédé, des arbres taillés et des arbres non taillés.

Afin d'enlever à ces arbres toute apparence de fantaisie, afin de bien établir que ce n'est pas le dessinateur qui les a redressés, régularisés et pour ainsi dire inventés, je les ai fait *calquer sur des photographies* de M. Alfred Lenormand. J'ai conservé même les défauts que quelques-uns peuvent présenter, afin de bien établir que je me suis laissé en tout guider par le respect de la vérité.

Ces défauts, du reste, peu nombreux, peu importants, j'en ai expliqué les causes dans les passages qui ont plus particulièrement trait à chacune de ces figures ; seulement je dois ajouter, du reste, que sur les murs, ils sont beaucoup moins apparents, et surtout qu'une photographie des arbres que j'ai vus partout traités par les méthodes antérieures, en offrirait de bien autrement graves et de bien plus disgracieux à l'œil.

Je tiens ces photographies à la disposition des amateurs, qui pourront y distinguer, au moyen d'une loupe, les détails qui ont disparu dans le travail lithographique.

FIN.

TABLE DES MATIÈRES

CONTENUES DANS CE VOLUME

FIN DE LA TABLE.

Paris. — De Soye et Bouchet. imprimeurs, 2, place du Panthéon.

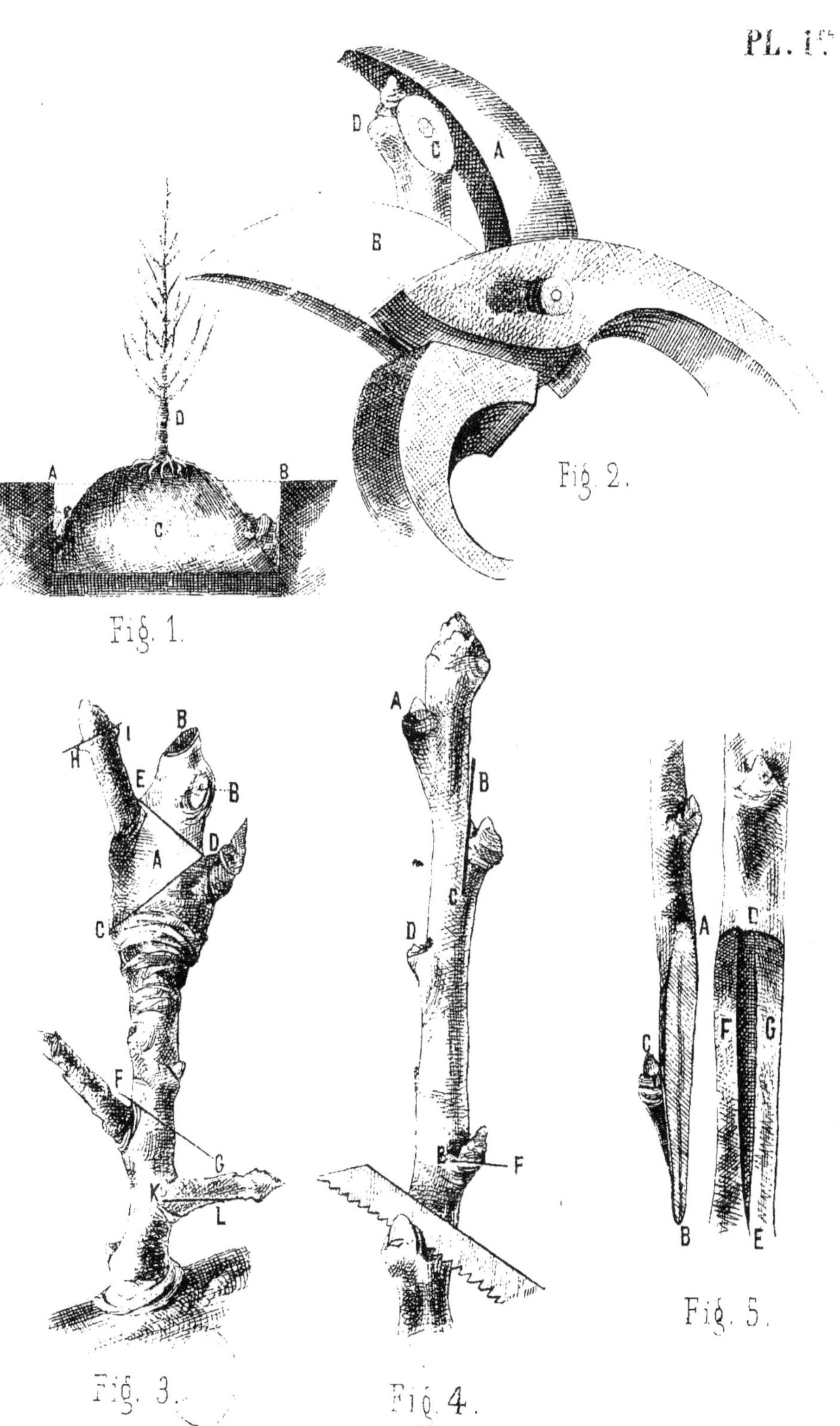
Fig. 2.
Fig. 1.
Fig. 3.
Fig. 4.
Fig. 5.

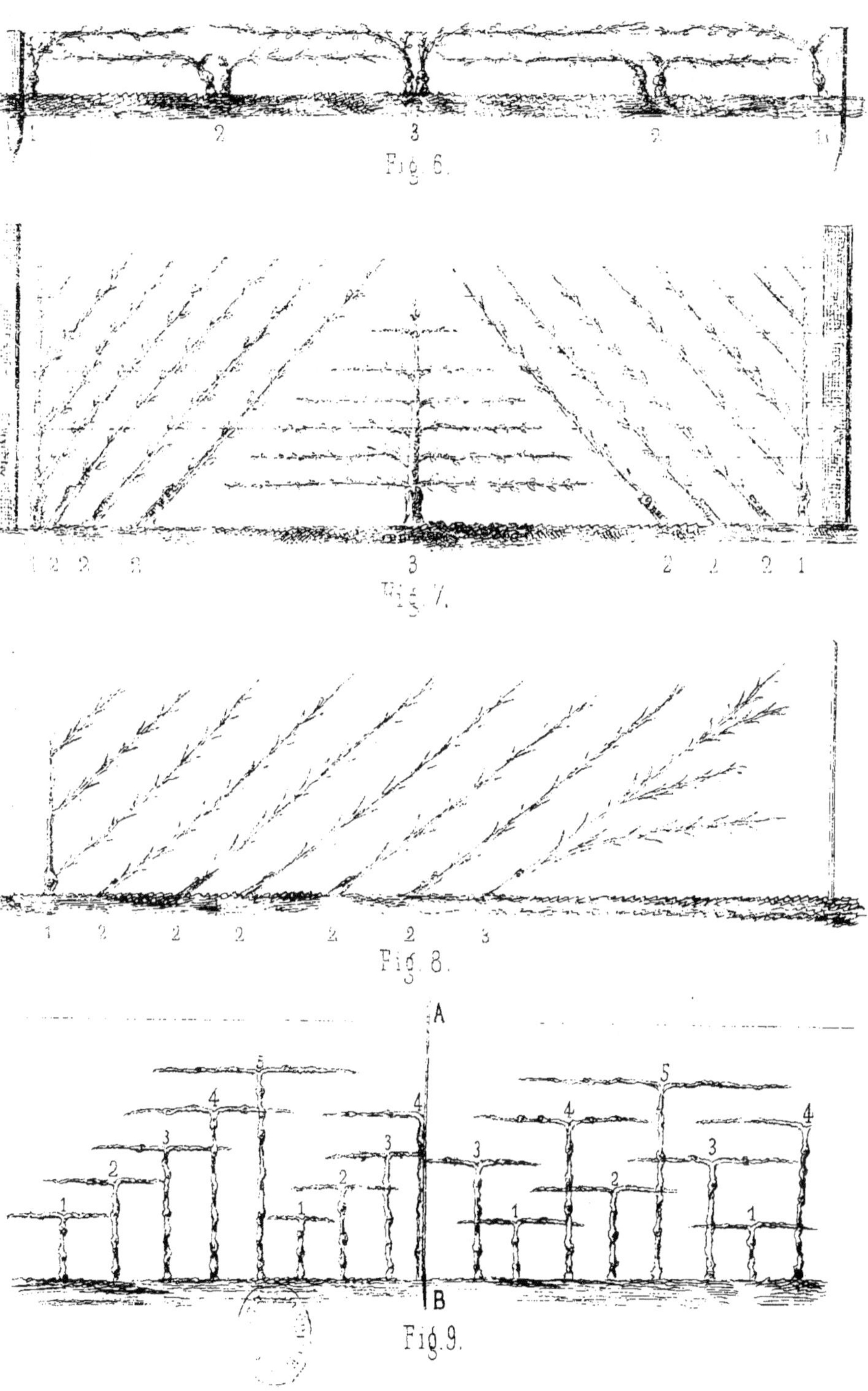

Fig. 6.

Fig. 7.

Fig. 8.

Fig. 9.

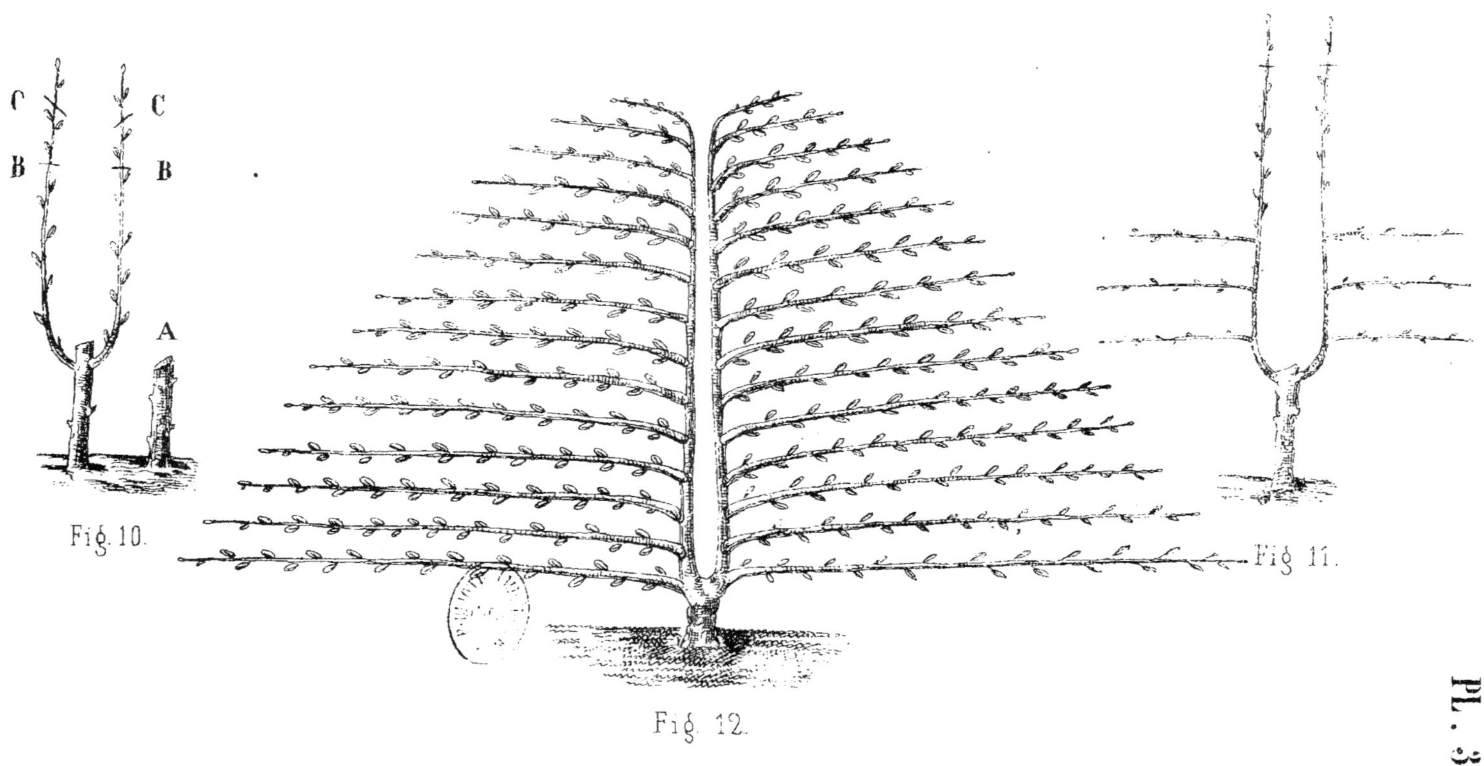

C
C
B
B
A
Fig. 10.
Fig. 12.
Fig 11.
PL . 3.

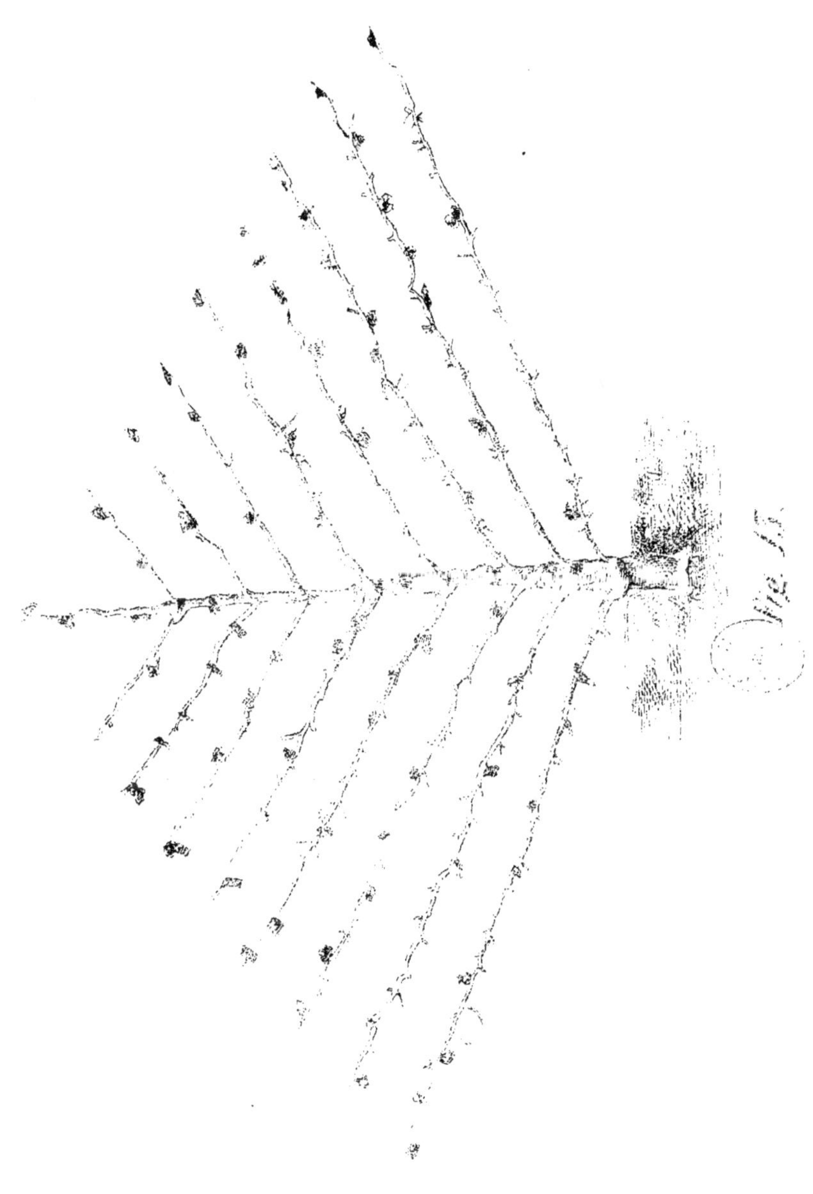

Fig. 15.

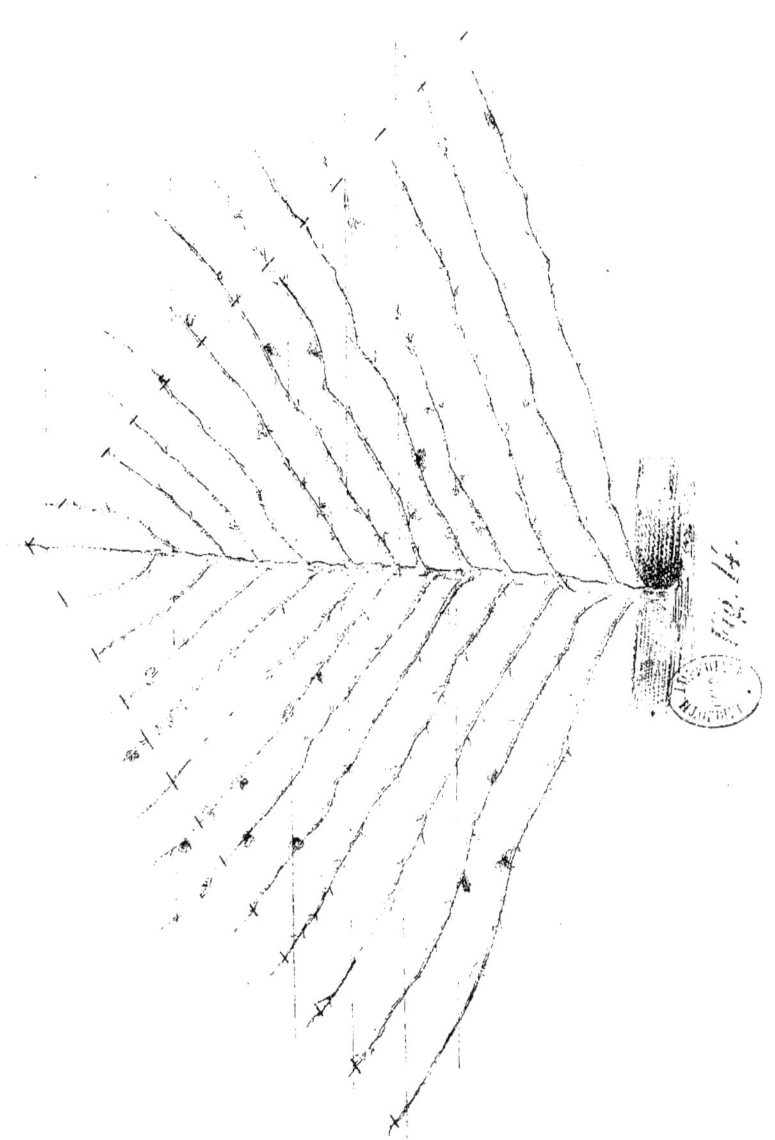

Fig. 14.

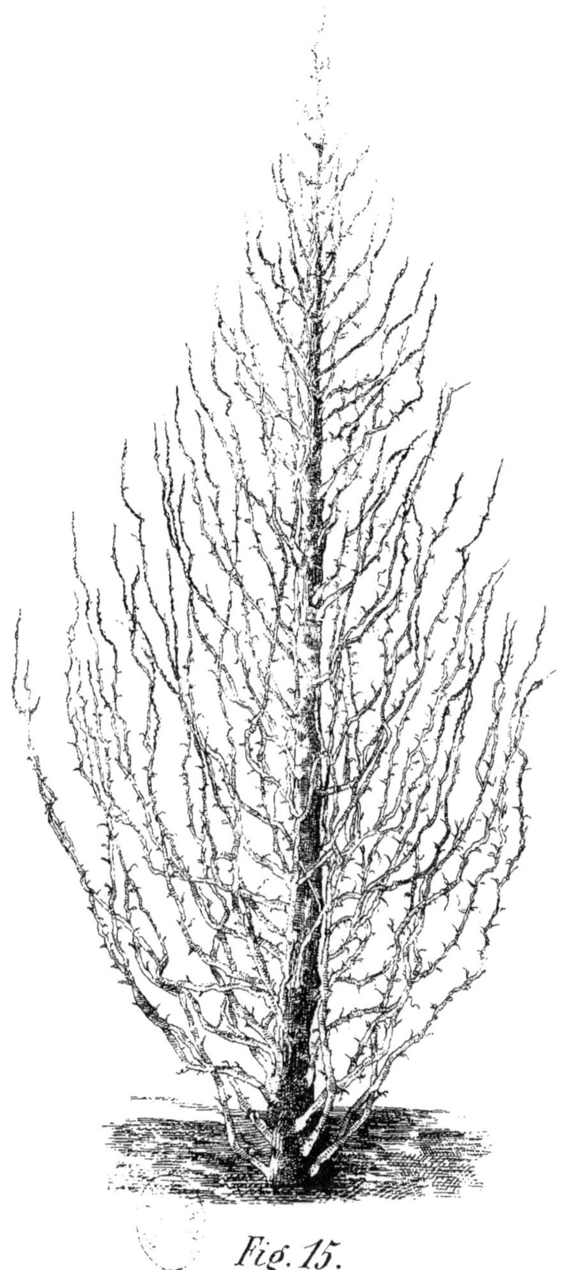

Fig. 15.

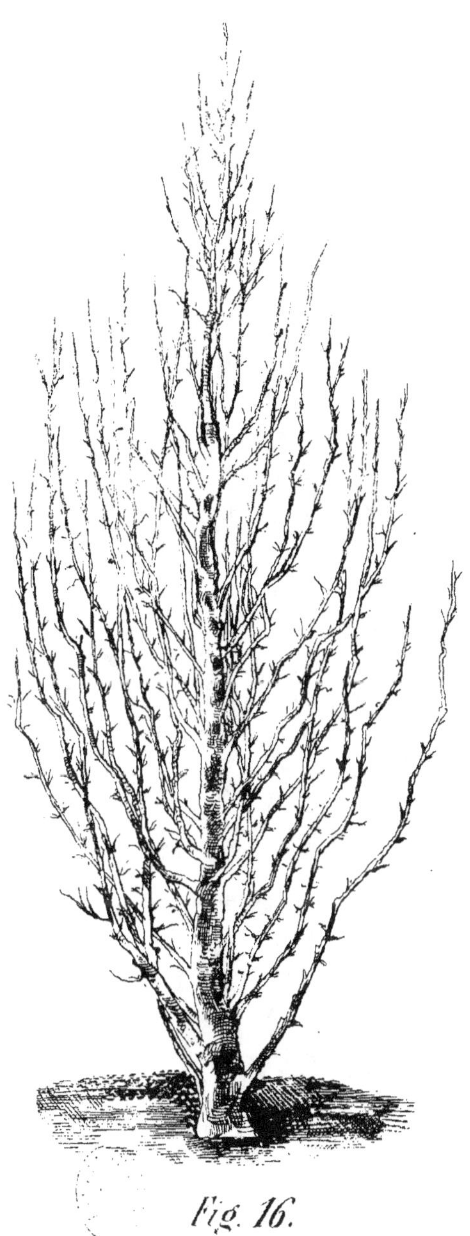

Fig. 16.

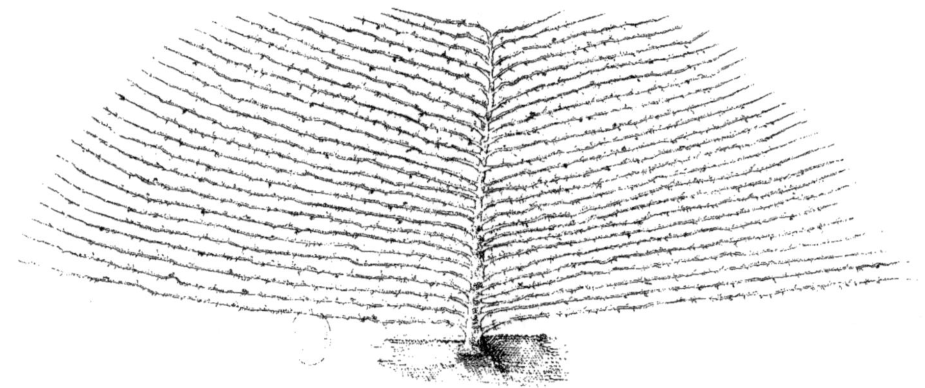

Fig. 17.

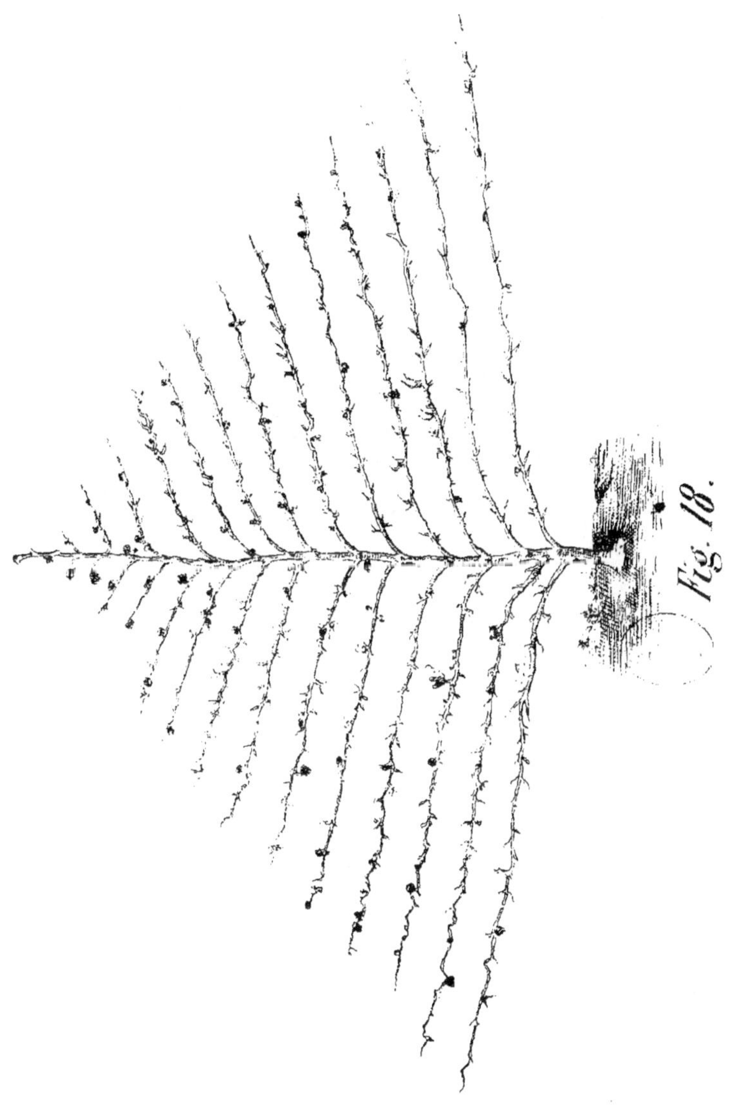

Fig. 18.

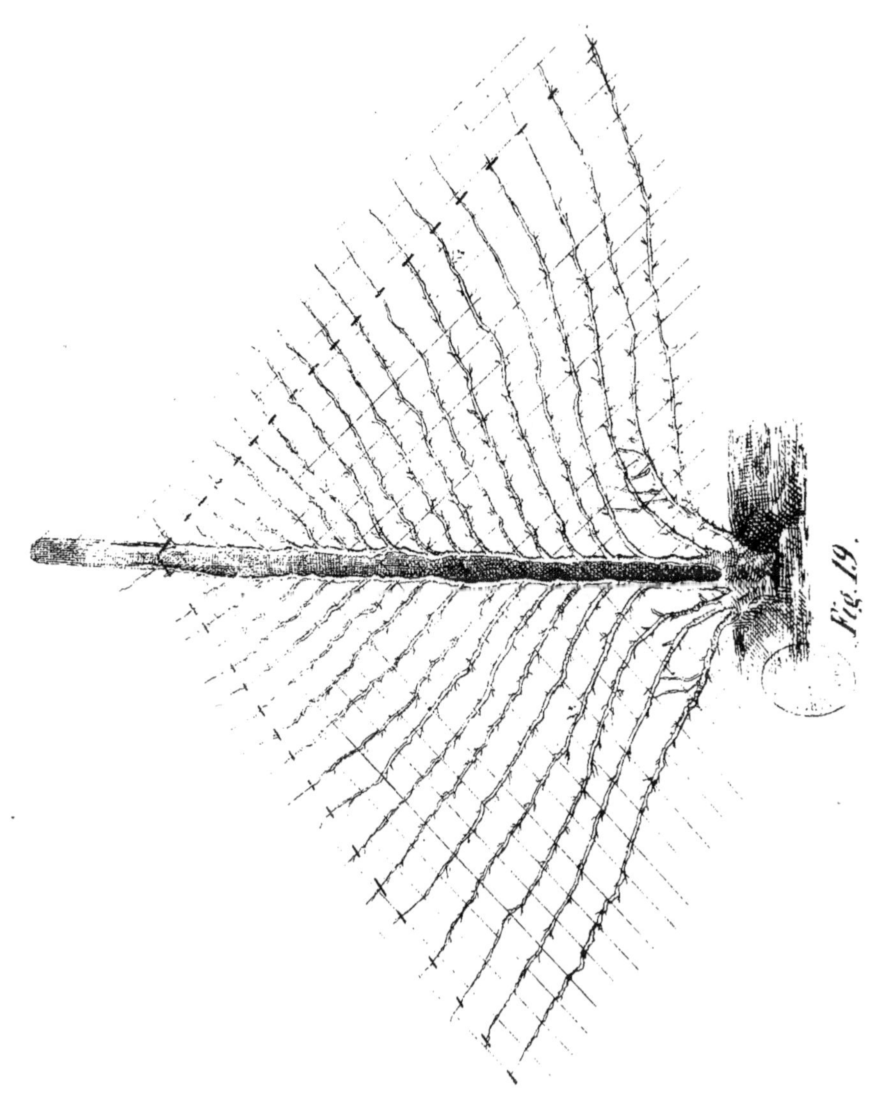

Fig. 19.

PL. 11. 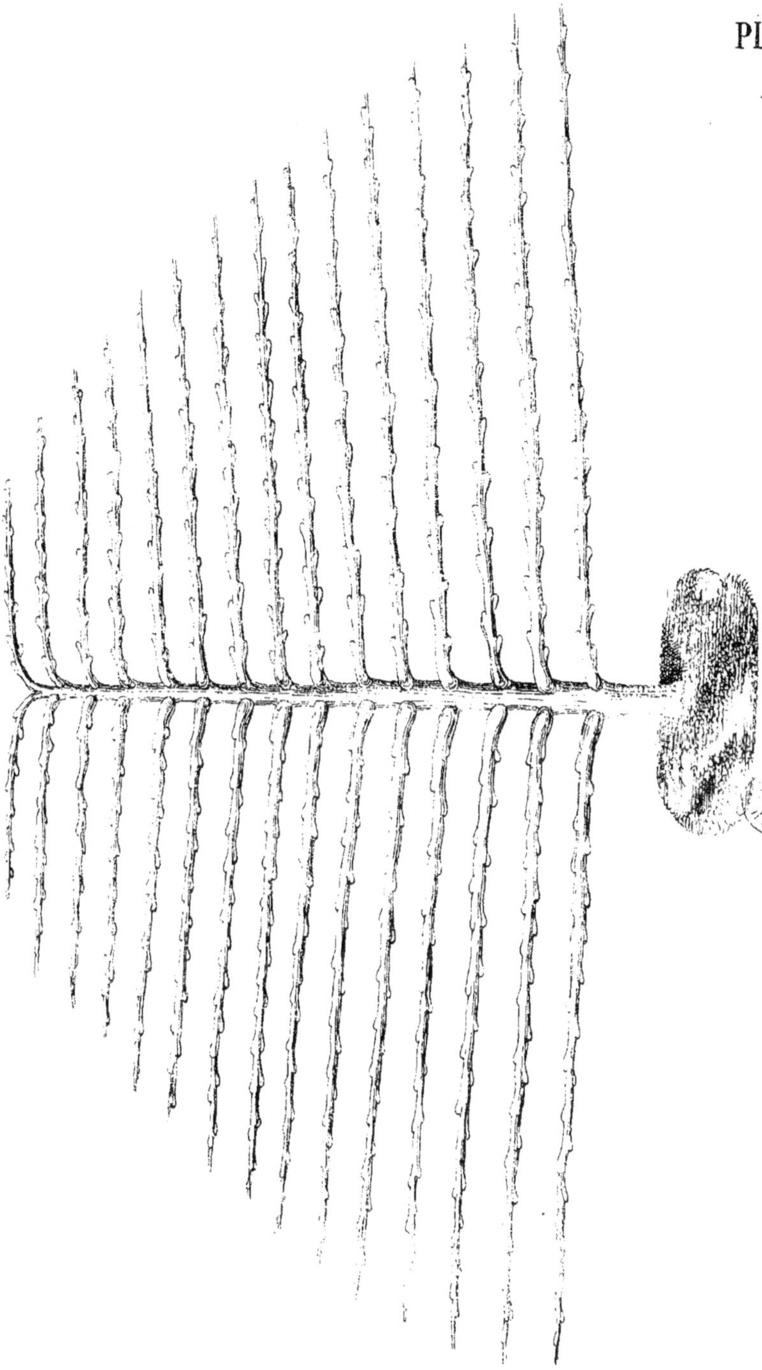
Fig. 20.

PL. 12. 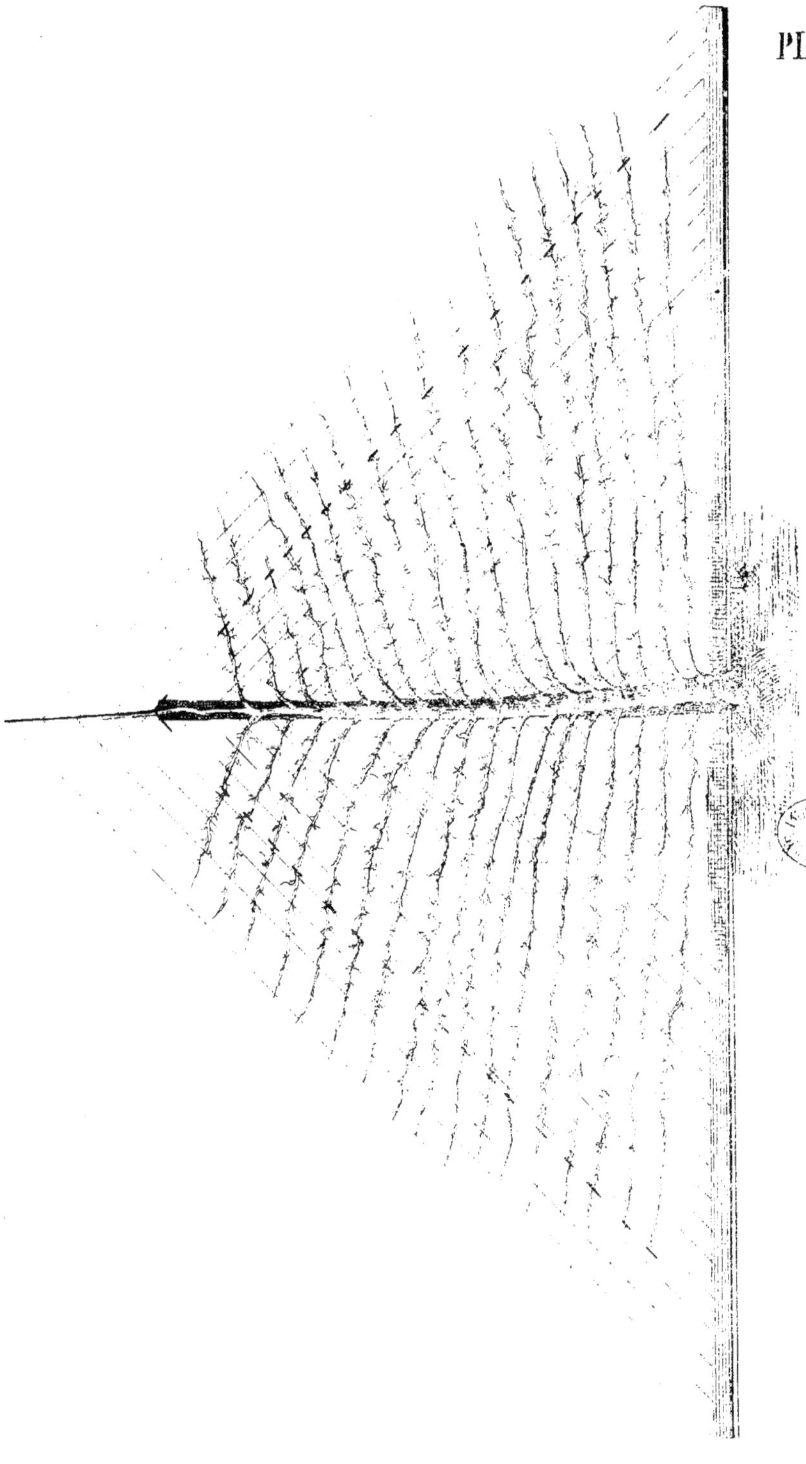
Fig. 21.

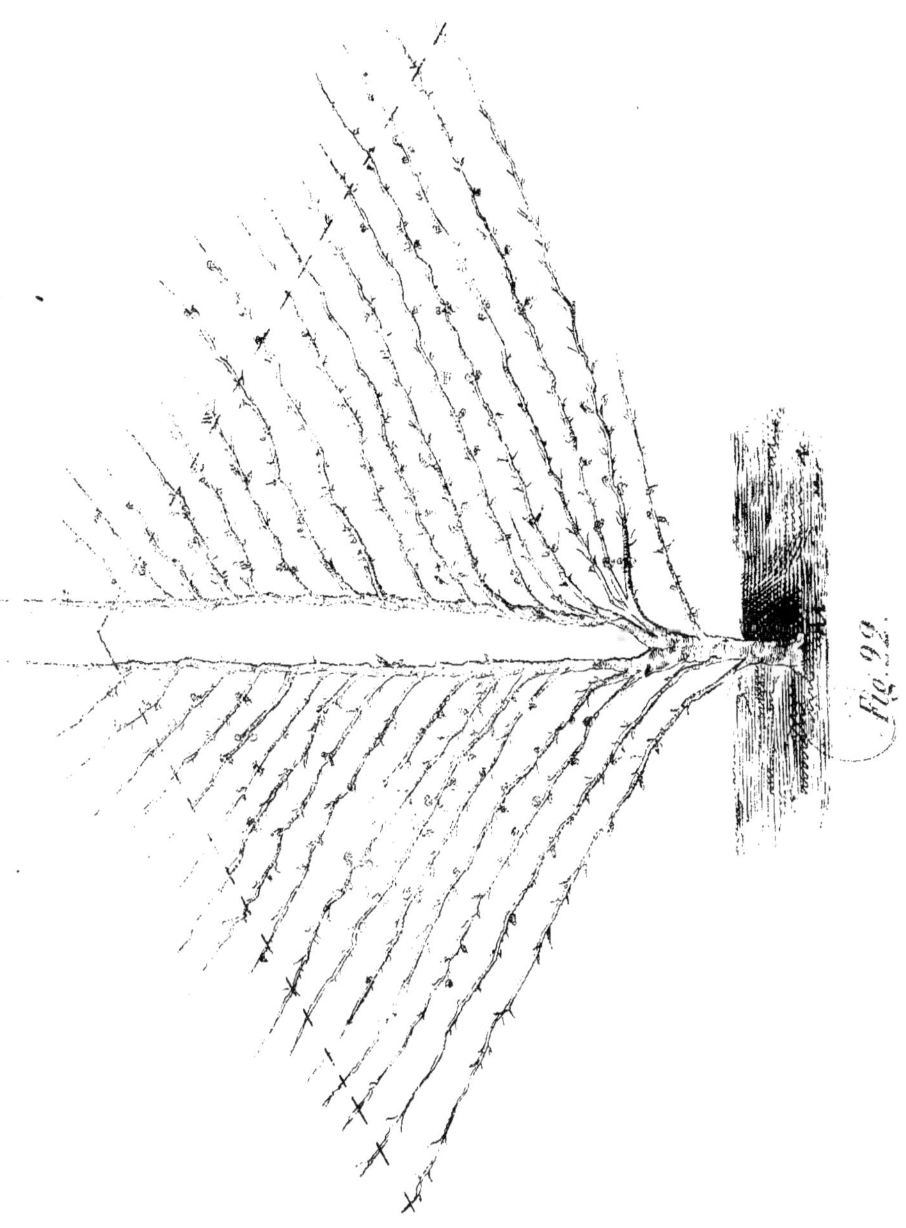

Fig. 92.

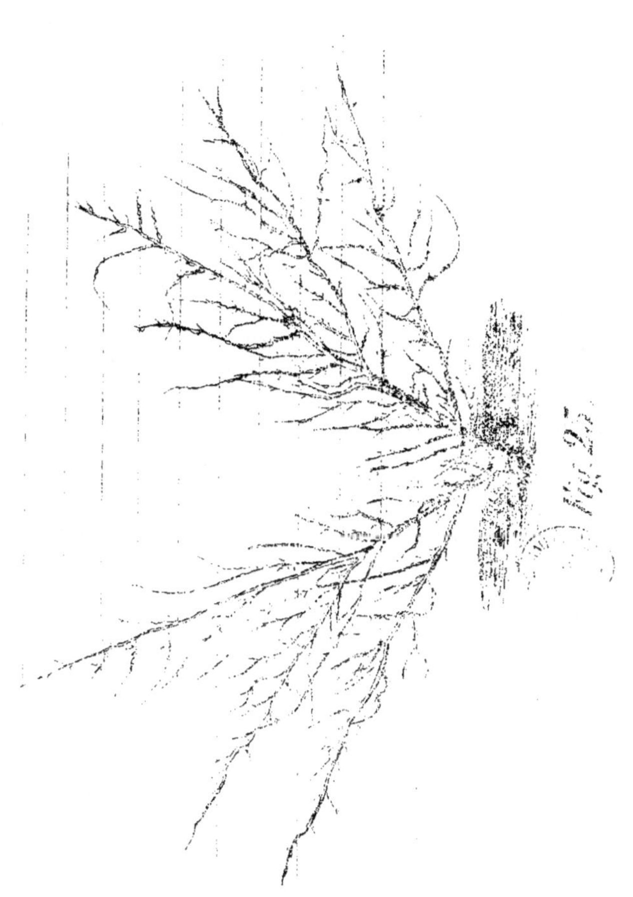

Fig. 25.

AVIS

L'auteur du présent livre se met à la disposition des personnes qui voudraient l'employer, soit pour plans de jardins potagers et fruitiers, soit pour plantations raisonnées, d'après les principes exposés dans son ouvrage, soit pour conseils et direction des travaux d'arboriculture, aux conditions suivantes :

10 fr. par jour, s'il est chargé des travaux ;

25 fr. par jour, dans le cas contraire.

Il continue toujours la taille des arbres dans les propriétés où il est demandé, au prix de 10 fr. par jour.

Il se charge aussi des fournitures d'arbres de premier choix, aux prix les plus modérés. (*Affranchir*).

N. B. Les frais de voyage et de table sont comptés à part.

COURS DE TAILLE, les Dimanches et Jeudis

de 1 heure à 4 heures,

RUE DU RATRAIT, 3, A BELLEVILLE.

PARIS. — DE SOYE ET BOUCHET, IMPRIMEURS, 2, PLACE DU PANTHÉON.

www.ingramcontent.com/pod-product-compliance
Lightning Source LLC
LaVergne TN
LVHW012001180726
843502LV00005B/1501